你的努力

终将成就更美好的自己

陈紫姗 著

中国出版集团
中译出版社

图书在版编目（CIP）数据

你的努力终将成就更美好的自己 / 陈紫姗著 . -- 北京 : 中译出版社 , 2020.5

ISBN 978-7-5001-6290-2

Ⅰ . ①你… Ⅱ . ①陈… Ⅲ . ①成功心理－通俗读物 Ⅳ . ① B848.4-49

中国版本图书馆 CIP 数据核字（2020）第 068714 号

你的努力终将成就更美好的自己

出版发行 / 中译出版社

地　　址 / 北京市西城区车公庄大街甲 4 号物华大厦 6 层

电　　话 /（010）68359376　68359303　68359101　68357937

邮　　编 / 100011

传　　真 / 010-84049572

电子邮件 / http://www.hualingpress.com

策划编辑 / 田灿	**规　格 /** 880 毫米 × 1230 毫米　1/32
责任编辑 / 范伟	**印　张 /** 7
封面设计 / 大道正泽	**字　数 /** 150 千字
印　　刷 / 三河市嘉华海纳印装有限公司	**版　次 /** 2020 年 7 月第一版
经　　销 / 新华书店	**印　次 /** 2020 年 7 月第一次

ISBN 978-7-5001-6290-2　　　　定　价：39.80 元

前　言

　　你一定曾设想过自己更美好的样子：成绩更好一些，学历更高一些，收入更多一些，体重更轻一些，皮肤更白一些……

　　但是，你是否为此付出了足够的努力呢？

　　大部分人怀抱着美好的梦想，却终其一生都没有采取有效行动，更不可能实现它。

　　但是总有一些人，为了梦想奋勇向前，跨越了重重阻碍，不断接近更美好的自己。

　　在《千与千寻》中，宫崎骏老师借人物之口说了这样一段话：

　　　　不管前方的路有多苦，只要走的方向正确，不管多么崎岖不平，都比站在原地更接近幸福。

　　任何事情，只有努力去做，才有可能一点一点接近成功；只有竭尽所能地努力拼搏，才有可能抵达自己梦想的远方。

如果想考研，就从现在开始认真复习书上的每一个字；

如果想减肥，就从今天开始戒掉奶茶，戒掉"肥宅快乐水"，少吃碳水化合物和油腻食品；

如果想练马甲线，就不要忽略每天的卷腹和平板支撑；

如果想拥有发达的肱二头肌，就不要忘了每天去健身房撸铁；

如果想参加明年的马拉松比赛，就抓紧时间练习长跑；

如果想学习跳舞，就立刻去请专业舞蹈老师排课；

如果想学会油画，就马上去买画具，报名绘画班……

前路浩浩荡荡，万事皆可期待。一切美好的事情，美好的人，都在不远的地方等着你。

你要努力，要拼命，要活成你想要的模样，要成就更美好的自己。

时间不多，我们各自上路吧！

目　录

第三章 余生很贵，请别浪费

第四章 学海无涯，你要激流勇进

第五章 找到解决问题的方法

第六章 克服懒惰天性，成就更好的自己

第七章　你有多自律，就有多自由

第八章　在最黑的夜，才能看见最美的星光

第九章 山河漫漫，引你向前

第一章
人在低谷，也要记得仰望星空

人类的社会结构就像一个金字塔，在任何一个时代中，占据社会大多数的必然是底层人士，越往上人越稀少。

勤奋努力的人可以在出身阶层的基础上向上走一层甚至两层，普普通通的人终其一生仍会处在自己出身的阶层，但堕落的人就可能不断下坠甚至堕入底层。

你往何处流动，向上还是向下，都取决于你自己。

当我们谈论原生家庭时，我们在谈什么

近年来，网络上出现了一个被广泛热议的话题——原生家庭。

每个人都会受到原生家庭的影响，随着年龄增长，这种影响也表现得越来越显著。

有些人很幸运地出生在环境良好的家庭里，父母慈爱，经济富裕；而有些人没有那么幸运，可能出生在贫困的偏远农村家庭，也可能出生在父母离异的单亲家庭，他们从降生的那一刻就拿到了一手烂牌。

陈树就是这样一个手握烂牌的年轻人。

那一年，家在四川内江市一偏远农村的陈树高分考入了广州外贸学院。在陈树此前的人生中，贫穷一直是记忆中的主角。甚至护送陈树到学校的大哥，在帮陈树交了学费后连回家的车费都没有了，而陈树以后的伙食费也没有着落。幸亏学校发起一场小规模的捐款，虽然只有五百多元，但是，兄弟俩靠这点钱勉强渡过了难关。

穷人的孩子早当家。在学校，凡是一个穷学生能想到的挣钱的方式，陈树都尝试过。1994年春节，为了省下往返家乡的路费，陈树没有回家过年。大年三十的晚上，他从校外的小卖部买了一瓶两元钱的广东米酒和一斤花生米，一个人坐在宿舍里看中央电视台的春节联欢晚会。当热热闹闹的节目开始时，他突然无比想念家里的亲人，并且有一种强烈的冲动，想把这种在外漂泊的游子心情全部写出来。于是，他随便找了一张纸，提笔一气呵成写下了一首后来传唱大江南北的著名歌曲——《九月九的酒》。"又是九月九，重阳夜，难聚首，思乡的人儿漂流在外头；又是九月九，愁更愁，情更悠，回家的打算始终在心头……"可谓字字见血，句句见泪。正是这种饱满的情感，引发了人们的共鸣，导致这首歌传唱至今。

陈树当时只是想抒发与宣泄一下自己的感情，并没有往歌词上想。他把写好的"诗"搁在一边，没有再去理会。直到两个月后的一天，一个校友无意中看到了这首既像诗歌又像歌词的作品，觉得写得很好，建议他找人谱曲。陈树一听，觉得眼前一亮，直觉告诉他这也许是一个检验自己、成就自己的途径。尽管当时的陈树根本不认识任何一个谱曲的音乐人，但有心的陈树还是到处留心相关信息。

功夫不负有心人。一天晚上，陈树从收音机里无意中听到，广东太平洋影音公司一个叫朱德荣的音乐人曾经为许多歌词作过曲，在圈内很有名气，于是陈树赶紧记下了他的名字。随后，陈树打听到朱德荣的工作地址，就把自己创作的几首歌词寄了过去，可是不知什么原因，一直没有等到朱德荣的任何回音。这种情况若是发生在一般人身上，也就"知难而退"了。但陈树没有就此罢休，他找了一个时间，亲自跑到朱德荣所在公司的大门口等。就这样，他终

3

于见到了朱德荣。朱德荣听了陈树的讲述后十分感动，又看了他带来的词，觉得《九月九的酒》是一首很棒的歌词，当场答应为这首歌谱曲。后来，这首歌由歌手陈少华演唱之后，竟然一下子红遍了全国，还获得了北京音乐台主办的"94–95 年度中国歌曲榜"年度十大金曲奖。

也许有陈树才能的人不少，但有几个有他那样的执着与韧性？听了别人的一句提醒，他就立马付诸行动；对方不予理睬，他就找上门去。《九月九的酒》的成功，让陈树看到了今后自己的方向。默默无闻的小卒子陈树，勇敢地向词作家的高地发起冲锋。他要过河！热情高涨的陈树，又与朱德荣一起创作了《梦北京》（王佩唱）、《女人味》（任雪晴唱）等歌。然而，这些成功的作品却没有起到桥梁的作用，陈树始终如卒子般站在河的这边。《九月九的酒》传唱大江南北，词作者陈树却只得到了 500 元的稿酬。靠写歌词根本无法维持他的学业，大四的时候，陈树因为没有钱吃饭，又接受过一次同学的捐款。

陈树大学毕业后，由于生活的压力，他去了广东省一家著名国企当秘书。秘书要负责起草公司的文件、合同、总结等公文，还要陪着领导外出应酬。如同象棋盘上的卒子转战到围棋盘上，陈树始终找不到感觉。有着文人气质的陈树，并不擅长且不乐意做这种枯燥、没有创意的工作。不久，他就毅然辞掉了这份待遇不错的工作。

成了无业游民的陈树，在辞职后写了另一首脍炙人口的歌词《老乡》："老乡见老乡，两眼泪汪汪，问一声老乡，你要去哪里……"这首歌经金学峰演唱后，再一次火遍了大江南北。

然而，窝在家里搞了几个月的歌词创作后，陈树不多的积蓄也花得差不多了，歌词的收入根本就不够他付饭钱。写词是一项清贫的事业，在当时他要靠写词养活自己是非常困难的。于是，陈树便在心里琢磨着：有没有一条既可以写词，又可以挣钱的途径呢？

正在陈树苦恼的时候，有一位作曲的朋友来找他，让他帮忙写一首词。说是顺德的一位老板想为公司的产品写一首广告歌。陈树抱着试试看的想法，接下了这份活计。那家公司是生产保健品的，陈树把对方提供的资料全部消化后，只用了一天就写好了歌词。这首广告歌词给陈树带来的收益是1000元。一首广告歌词就赚了1000元钱，陈树大吃一惊！在随后的几个月里，陈树又陆续写了几首广告歌，绝大部分都被采纳了。他因此挣了好几千元的稿费。尝到了甜头的陈树，敏感地意识到写广告歌词大有作为。因此，只要一有空，他就看广告营销方面的书，使自己更了解市场。

后来，一位作曲家打电话给陈树，说广东步步高公司想写一首广告歌，报酬很高，要陈树赶紧过去写词。陈树赶过去时，才发现这位作曲家不只是找了他，还找了另外一些有名的词作家来写词。很显然，步步高想优中选优。不服输的陈树，就在这种情况之下，写出那首脍炙人口的歌词："没有人问我过得好不好？现实与目标哪个更重要？一分一秒一路奔跑，烦恼一点也没有少。总有人像我辛苦走这遭，孤独与喝彩其实都需要。成败得失谁能预料，热血注定要燃烧。世间自有公道，付出总有回报。说到不如做到，要做就做最好。步步高！"

陈树的歌词被选用了，由作曲家谱好曲，通过武打明星李连杰的演绎，歌曲很快就在各电视台闪亮登场。第二年，《步步高》（李连杰版）广告歌被推向中央电视台 1 频道，由景岗山、林依轮、高林生演唱，播出之后好评如潮，该歌也被评为 1998 中央电视台标王广告歌，《步步高》的推出，确定了陈树在中国广告音乐界一线音乐人的地位。

可以这样说，《步步高》的一炮打响，使陈树这个默默无闻的小卒子终于过了河。他不单只是凭借这首歌拿了一笔不菲的稿酬，同时也将自己的名号打响，可谓名利双收。过了河的小卒子，再也不用到处找活干了。全国各地慕名而来的企业老板纷纷找上门来，请他写广告歌，给的报酬也是极为丰厚。在这种情况下，陈树成立了一个叫"哆来咪"的音乐工作室。工作室成立后，他不仅仅写词，还充分发挥自己拉业务的活动能力，亲自到一些知名企业去承揽活计，然后写词的工作自己做，作曲则承包出去，这样干了一段时间，陈树很快就摆脱了困扰自己很多年的窘迫这个紧箍咒。

逐渐具备一定经济实力的陈树，开始由广告词作者向音乐制作人转变。陈树首先把音乐工作室的名字由"哆来咪"改成了"风雅颂"。

于文华演唱的《丈夫辛苦了》、凤凰传奇演唱的《吉祥如意》、王宏伟演唱的《添翼的路》、孙楠演唱的《辉煌之歌》等广受好评的歌曲，都出自陈树笔下。

此外，他在广告歌曲的创作方面也取得了不俗的成绩，先后为圣元奶粉、喜之郎、椰风饮料等几十种产品写过电视广告歌，成为全国广告歌曲创作领域里最优秀的词作家。

原生家庭环境差，并不能成为一个人自暴自弃的理由，含着金汤匙出生的人毕竟微乎其微，大多数人的家庭都是一地鸡毛，努力的人拼尽全力飞上枝头变成凤凰；而不努力的人只能在茅草窝里耗尽一生，躲在键盘后面抱怨命运不公，时运不济，原生家庭不给力。

你可以出身底层，但你不能被困底层

前几天，薇薇在微信上跟我说："姐，你还记得两年前咱们逛街时我看中的那款香奈儿包包吗？"

"我记得。怎么，你又想买了？"

"是的，昨天我已经去把它买下来了。"

薇薇是我在上一家公司时的助理，我离职以后，跟公司推荐她接替了我的职位。

她家在四川一个少数民族杂居的山区，每天上学需要走几十里山路。前段时间大热的《中国机长》中提到的四姑娘山，就在她家附近。

她是全村为数不多的几个大学生之一。

初中毕业后，就有多事的亲戚劝她父母不要继续供她念书：女孩子迟早要嫁人，读那么多书有什么用，不如早点出去打工赚钱补贴家里。

好在她父母开明，她又是家里最小的孩子，哥哥姐姐好几个，并不需要她去赚钱养家。

三年以后，她不负众望考上了大学，走出了那座小山村，后来又到了北京。

她是个很努力的女孩子，交代给她的工作我从来不用担心完不成或者做不好。即使是很复杂烦琐的事情，哪怕加班熬夜，她也一定会在规定的时间内做完。

虽然她出生在一个小山村，但她从来不用一个乡村姑娘的标准来要求自己。当家乡的同龄女孩相继结婚的时候，她选择了上大学；当她们的孩子都能打酱油的年纪，她在为工作奔忙。

两年前她看到那款香奈儿包的时候满眼都是羡慕，现在她终于有能力把它买到手。

她出身于底层，但没有被困于底层。而是凭着自己的努力，走出了一条完全不同的人生道路。

这也不禁让我想到了香奈儿女士的一生。

对于热衷时尚的女人来说，可可·香奈儿绝对不是一个陌生的名字，这是一个触动着每个女人奢侈神经的字眼，它不仅仅是一个时装的品牌、一个香水的品牌、一个包袋品牌，也是一个伟大女性的名字。

从一个贫穷的孤女到一个著名的时装设计师，可可·香奈儿留给了世人无数的谜团，成就了一个传奇：

> 1883 年 8 月 19 日，香奈儿出生于法国的卢瓦尔河畔的索米尔小镇。她的全名是加布里埃·可可·香奈儿。

第一章　人在低谷，也要记得仰望星空

据说她是个私生女，对于自己的出身，香奈儿一直讳莫如深，不愿为外人所知。

香奈儿12岁那年，她的母亲去世了，于是她被送进了孤儿院，在那里度过了少年的黯淡时光。

17岁，她来到另一个小镇，进入了修道院。

在当时，妇女的地位极其低下，而一个没有好家境的女孩子要想在社会上生存，是非常艰难的。

孤儿院的生活使她明白，高超的针织手艺对于女孩子而言是多么重要，她可以通过针线活来养活自己，于是她学会了自立。

18岁那年，她就到一家商店做助理缝纫师来养活自己。

20多岁时，香奈儿遇上了富有的骑士卡佩尔，并在他的资助下，开了她的第一家帽子店。

她设计的帽子宽大实用，受到了许多妇女的欢迎。而这个帽子店也成为日后香奈儿的总店地址。

1912年，趁热打铁的香奈儿又在法国上流社会的度假胜地——诺曼底海边小城开了自己的第一家服装店。

当时妇女的服装过于烦琐，香奈儿认为："女人为造成她们举止不便的服饰所束缚，从而被迫依赖于仆人和男人。"因此她的设计风格朴素端庄、简明大方。

很快，她这种极富个性的运动衫、开领衬衫、短裙、男式雨衣受到了时髦女郎的注意。她以敏锐的嗅觉，革命性地改变了人们的穿着品位，她的服装解放了传统对女性的束缚，成为社会主流和时尚。

1914年，香奈儿又在巴黎设立了工作室。

到20世纪30年代初，她的工作坊已拥有4000名职工，年服装销量达28000套。香奈儿取得了非凡的成功。

1999年，《时代》评出100年来最具影响力的20位艺术家，可可·香奈儿醒目地排在第二位。

法国文化部前部长马尔罗说："20世纪法国将有三个名字永存：戴高乐、毕加索和可可·香奈儿。"

香奈儿是二战后所有女性的抱负和渴望凝聚而成的一个成功的神话。她用自己的事迹证明：贫穷并不可怕，只要你自食其力，努力去奋斗，你就可以过上自己想要的生活。

你可以出身于底层，但你不能被困于底层。

你要将目光放高放远，看看这个社会中优秀的人是怎样生活的，不要局限于眼前的一亩三分地，就认为人生不过是吃饭睡觉的往复循环。

在你尚未抵达的地方，有你没见过的风景，你要去那里看看，才会不枉此生。

你要立刻赶去远方，哪怕披星戴月，风雨兼程。

生在泥土中，要记住你是种子

最近《少年的你》热映，让我想起了中学时代的一个好朋友，叫雨涵，是我的同桌——那是一个当年几乎被全班同学孤立的女孩子。

雨涵的眉眼很好看，但是身材壮硕，患有先天性鼻炎，每天拖着两条鼻涕，所以还是成了全班同学取笑的对象；入学时成绩只算中等，看上去笨笨的，所以老师也没有多喜欢她。

那三年时光，她过得甚是艰难，每天要面对同学白眼与讥笑的软暴力。做活动时，几乎没有人愿意和她一组；课代表发作业时不肯用手碰她的本子，说脏；她上课回答问题时，下面总有莫名其妙的刺耳窃笑声……虽然没有血腥暴力，但也足以刺伤一个十几岁女孩子的心。现在看来，那就是早期的校园霸凌吧！

虽然被重重恶意踩到了尘埃里，但是她依然倔强地生长着，每日刻苦读书，从没被外界的纷扰打乱过步伐。

她说，她的理想是做法官，让恶人得到应有的惩罚。

后来，她真的考上了某一本院校的法律专业，目前在东北某座城市的法院工作。嫁了年轻英俊的军官丈夫，婚后第三年减肥成功后补拍了婚纱照，很美。

看着雨涵从小到大一路走来，就像在看一株不起眼的小草从泥土里探出头来，原本以为只是一棵杂草，它却顽强地撑过一个又一个寒冬。在某个春天的早晨循着香气望去，发现它早已开出了芬芳艳丽的牡丹花朵。

当你被踩入泥土的时候，要记住自己是一颗种子，要相信自己终有一天会破土而出，苗壮成长，花开绚烂，惊艳四方。

新东方集团董事长俞敏洪也是这样一个从泥土中拔地而起的草根创业者。

俞敏洪来自江苏农村，第一次高考落榜。复读之后虽然幸运地考上了著名的北京大学西语系，但大学几年用他自己的话来说是"不堪回首"。从农村来到北大的他，在全新的环境和各地的同学面前头一次感到了自己的渺小。这个曾经的班长面对众多同学都能侃侃而谈的同学露怯了，在"各方神圣"渊博的知识或出众的能力面前突然感到了失落，找不到自己的位置。郁闷如潮水一样袭来，让他变得沉默寡言，而一场突如其来的肺结核，使他更加压抑。大学期间，他几乎没有在北大学生经典的"卧谈会"上自信地发表过自己的见解，没有参加过任何一种学生活动，没有主动交往过女生……在大学师生眼里，俞敏洪曾是北大里"最不应该成功的人"。

当一个人身处社会或身边圈子的底层时，失落与郁闷总是难免的。俞敏洪的话很感性，告诉我们一个简单的道理：如果你身处底层，在遭受无视甚至蔑视时，最佳的应对方式就是心怀高远之志并暗暗努力。其他诸如抱怨、诅咒、悲伤之类的，没有半点实际意义。

我常去一家美发店做头发，尽管要走一段较远的路程。我之所以那么勤快跑去那么远，是因为那家美发店有一位手艺非常好的"Tony 老师"，只有他才能料理我那越来越稀少的头发。

我最初之所以去这家美发店，是因为朋友的极力推荐——朋友之所以推荐，也是缘于他的朋友推荐。每次我去时都要排很久的队，可见那位理发师的手艺的确受到顾客的信赖。

去过几次后，和理发师熟了，有一次客人较少，我便和他聊了起来。

他说他高中毕业就离开家乡到广州某发廊当小工，对理发这个工作他并没有特别喜欢，但也不知除了理发，还有什么工作可做，于是就迷迷糊糊地一直混了几年。眼看也二十几岁了，有了"前途"的压力，于是他为自己立下了一个目标——有朝一日开一个自己的美发店！

他的学习态度因此一下子有了很大的转变，除了实地学习之外，他还不断地收集、参考相关的书籍，甚至连路上行人的发型他都会仔细研究，简直到了疯狂的地步。

不到一年，他由助理升任总监，并且很快就闯出名气，许多客人都指名请他服务。后来，他向亲朋借了钱，开了这家美发店。

这时我才知道，原来他就是这家店的老板。

他的故事平淡无奇，但我听得却感动极了，他正是社会底层人奋斗的典范。

布衣可以成王侯，贫寒岂能甘沦落？

当理想被现实踩进了泥土中，不要悲伤与哭泣。只要种子还在，就有发芽破土、长大成材的机会。而我们所要做的就是：呵护好我们的种子，照料好它，直至长大、开花、结果。

只要肯努力，任何时候开始都不晚

最近两年，有些字眼频繁地出现在我们的视野里，比如"阶层固化"，比如"寒门再难出贵子"，更有人直接放言"向上的通道在逐渐关闭"。

这是危言耸听吗？好像不是。

所谓"富二代""贫二代""官二代""农二代"等等，正是阶层固化的产物。

在我们的周围，这种现象似乎也显而易见。

体制内家庭的子女，多倾向于参加公考，继续从事体制内的工作；商人家庭出身的孩子，毕业后多随父辈继续从商；而普通工薪层或农民家庭出身的孩子，毕业后往往选择离开家乡，到大城市寻找生存的机会，成了"城市蚁族"。

这固然已成社会的常态，但我们能因此就说这是社会的必然吗？

中学的时候，我们班有两个家住农村的男同学，一个叫陆坚，一个叫李士超。他们两家住在同一个村，每天一起上学一起放学。

他们两家同样贫困，但陆坚是学校的帮扶对象，而李士超不是。

因为他们的学习成绩不一样，学校有限的助学金只能用来帮助成绩好的学生。

陆坚学习勤奋刻苦，每次都考全班前三名；而李士超贪玩、爱偷懒，每次都是倒数几名。

从那时候就可以看出，他们以后的人生必然会是完全不同的。

前几年中学同学组织了一次聚会，他们两人都参加了。

聊天中得知，陆坚在大学毕业后参加了公务员考试，目前在市某局工作，副科级。而李士超子承父业，也成了一个农民。好在东北土地辽阔，农村人均耕地面积很大，所以养活一家老小是不成问题的；但想要获得更高的收入或更大的发展前景，也是困难的。

两个同样出身，甚至从小一起长大、一起上学的人，最后却走上了完全不同的人生道路。

你的出身可以决定你的起点，却不能决定你的终点。未来走哪一条路，可以走多远，完全是个人努力与选择的结果。

虽然网传向上的通道正在关闭，但是国家的基础教育是普及全民的。只要从小努力学习，考上一个好的大学，你依然可以有机会超越原生家庭的阶层，走上更高更广的发展平台。

或许有人会说：我早已过了靠考好大学、找好工作来改变命运的年纪。我没有钱，没有人脉。我的阶层已经固化，即使再努力也没有用了。

那么我想告诉你，我的同学——农民李士超，2019年靠着养猪打了一场翻身仗，已经在城里买了两套房，留给正在上小学的两个孩子。

这是一个非常真实的事件。

这个时代变化很快，我们周围每一天都会涌现出大大小小的机会。

虽说向上流动的通道正在关闭，向更高阶层迈进的难度会越来越大，但并不是不可能实现的。

只要你肯努力，任何时候开始都不晚。

有句话说得好："种一棵树，最好的时候是十年前，其次是现在。"

你的年纪越来越大，社会能够给你的机会也越来越少。努力这种事情，当然是越早开始越好。但是，倘若你没有赶上最好的时代，或者说你已经错过了之前最好的机会，也可以从现在开始努力，在下一次机会来临之时牢牢抓住它。

愿你眼中有光芒，活成想要的模样

"命运"是一个纠缠人类数千年的话题。从古老的紫微斗数、生辰八字、面相、手相、骨相，到现代的血型、星座……五花八门的分析工具层出不穷、生生不息，反映了人们对于窥破命运密码的热切渴望。

一些人一听到"命运"，要么是迷信到底，要么是嗤之以鼻。其实，"命运"并不神秘，也不深奥，"命运"是由"命"与"运"组成的。其中，"命"是过去式，例如你生在何家，例如你被炒了鱿鱼，这些情况都是在发生后你才知道的，是不可更改的事实。而"运"是一个建立在将来时基础上的现在时，你梦想成为富豪，你梦想拥有一份好的工作，你为这些梦想而运筹、而运作、而运动，你通过努力有可能实现它们，这个过程被称为"运"。你"运"得到位，就会有"好运"，也就是说，有好的"命运"。

"命"不好不要紧，试看那些建功立业的伟人，有几个是含着金汤匙出生的？有几个不是靠自己后天的"运"而一步步走向巅峰的？

有一个命苦的少年，他的名字叫松下幸之助。因为家境贫寒，松下幸之助在 10 岁时就离开家乡，离开母亲，独自踏上几百里外的大阪，到一家火盆店当起了月薪 10 分钱的学徒工。

单看松下幸之助的少年与青年时期，有谁——包括他们自己，知道他命里有几升米呢？即使真的有高明的江湖术士知晓他们命中注定会成为一代显富，如果他不努力地拼搏，财富会从天上落下来正好掉他头上？

很显然，所谓的命中注定，实在经不起推敲。

法国寓言作家拉封·丹曾有过一段妙语："每个人都把过好日子归功于自己的才干。要是因为自己的错误导致了失败，他们就咒骂起命运女神来。没有比这件事更为常见：好事归功自己，坏事归罪命运，有理的总是人，错误的总是命运。"

拉封·丹生动地展示了那些迷信"命运"的人的荒谬。

你我皆凡人，活在人世间。是为活着而活着，还是为自己而活着？

平凡人的人生有两种。第一种是静候命运的安排，进退随波，贵贱逐流，就像棋盘上的卒子，将自己的命运全权交付给棋手。第二种是不甘心接受命运的安排，尽管自己只是一枚小卒子，却要做自己命运的主人。

这是棋盘上的卒子与作为卒子的平凡人之间的唯一区别：前者无法控制自己的命运，后者在很大程度上可以掌握自己的命运。

汤姆·克鲁斯在出演《壮志凌云》之前，只能在好莱坞扮演一些小角色，有时甚至连一分钱片酬都没有。导演们拒绝他的理由是：不够英俊，皮肤太黑了，演技太幼稚，等等。

他们用这些看似非常有说服力的理由，断定汤姆·克鲁斯永远也成不了明星。

然而，这些话在今天都变成了笑话。

另外，像乔治·克鲁尼在出演《急诊室》之前，金·凯瑞在出演《变相怪杰》之前，尼古拉斯·凯奇在出演《远离赌城》之前，他们都为扮演各种小角色而奔波。但他们后来都变成了好莱坞的票房保证。

一定要相信，命运可以掌握在自己手中，一味地屈从于命运，永远也做不了自己的主人。

我们要用自己的脚步，来丈量生命的幅员。

第二章
唯有梦想，可抵岁月漫长

　　人人有梦想，但不是人人都有能力实现梦想。

　　你的梦想是什么呢？做一个商人，做一个政治家，做一个学者，还是做一个艺术家？当然，你也可以梦想每天睡到自然醒，数钱数到手抽筋。

　　任何梦想的实现都是要付出代价的，你准备好为之而努力了吗？

上错舞台的演员，演不成一出好戏

去北京之前，琳琳在家乡开过一年快餐店，名叫"小时候的味道"。店开在一所大学旁边，她当时的想法是要做得有情怀。

店里摆满动漫手办，墙上挂着一排草帽海贼团的悬赏令，窗边的刀架上供着索隆的三代鬼彻，收银柜台上摆着路飞的三只船。

来吃饭的人不多，但是每天都有很多学生来跟她的动漫周边合影。

开店那段时间，她每天早出晚归，后厨做帮工，前台做收银员，兼任服务员，不时洗洗碗。才二十五岁，纤纤十指已然粗糙油腻起来。饭点过后腰酸背痛地收拾完卫生，抬头看见隔壁店卖牛肉板面的阿姨正优哉游哉地坐在门前的椅子上跟人聊天嗑瓜子。

月底算账，不赚反亏。

这样的日子持续了近一年，她当初的斗志与情怀终于被不断上升的财政赤字吞没。

总结原因，菜品单调，价格太高，成本把控不严。最终就如同贩卖情怀的锤子科技一样，虽然声势浩大，但难逃倒闭命运。

记得琳琳当时噙着眼泪对我说："姐，我是不是脑袋被门夹过才会跑去开这么一个店。坐办公室吹吹空调、喝喝咖啡、码码字、赚赚钱不好吗，非要去吃苦受罪赔得底儿掉？"

有些年轻人看到卖煎饼大妈月入 3 万，也跃跃欲试觉得这行钱好赚。事实是，别人能赚到钱的行业未必适合你。你要找到适合自己的位置，上错舞台的演员，再努力都演不成一出好戏。

有些低谷并非你不够努力，也并非没有机会，而是你根本就上错了舞台——你不是做这一行的料，你的能力应该在另一片天地去散发它应有的光辉。

你的才能就是你的天赋。你能做什么？这是你必须问自己的问题。

如果一个人的位置不当，无法在工作中发挥自己的长处，他就会处在永久的卑微和失意中。

最初，伽利略是被送去学医的。但当他被迫学习解剖学和生理学的时候，他还藏着欧几里得几何学和阿基米德数学，偷偷研究复杂的数学问题。当他从比萨教堂的钟摆上发现钟摆原理的时候，他才 18 岁。

再也没有什么比一个适合的事业使人受益更大的了。这事业磨炼其肌体，增强其体质，促进其血液循环，敏锐其心智，纠正其判断，唤醒其潜在的才能，迸发其智慧，使其投入生活的竞赛中。

在你选择职业时，切记不要考虑怎样赚钱最多，怎样最易成名，你应该选择最能使你全力以赴的工作，应该选择能使你的品格发展得最坚强的工作。

好的东西放错了地方就是垃圾，人也是如此。

你的努力终将成就更美好的自己

　　戴维·布朗是美国最成功的电影制片人之一，他曾先后3次被3家公司解雇过。他觉得自己不适合在商业销售的公司工作，就到好莱坞去碰运气。结果若干年后，一举发迹成为20世纪福克斯电影公司的第二号人物，后来由于他力荐拍摄《埃及艳后》这一耗资巨大的影片造成公司财务危机，他被解雇了。

　　在纽约，他应聘到美国图书馆做副主任，但是，他跟上级派来的同僚格格不入，结果又被解雇了。

　　回到加利福尼亚后，他在20世纪福克斯公司复出，在高层干了6年。然而，董事会并不欣赏他所举荐的片子，他又一次被解雇了。

　　布朗开始对自己的低谷进行反思：敢想敢说，勇于冒险，锋芒毕露，不惮逞能——他的作为与其说是雇员，倒不如说更像老板，他恨透了碍手碍脚的管理委员会和公司智囊团。

　　找到了失败的原因以后，布朗重新开始独自创业经营，连续拍摄了《裁决》《茧》等一系列优秀影片，获得了巨大的名气与收益。由此可见，当年布朗并不是个失败的经理人，他是个潜在的企业家。他当初陷入低谷是因为他的性格、作为跟环境及职业不协调。

　　三百六十行，行行出状元。选对自己为之拼搏的舞台极为重要。选对了，可以成为成就事业的基础；选不对，将会遇到不少弯路及坎坷。所以在确定职业之前，应该考虑你所从事的职业是否符合自己的志向、兴趣和爱好，与所学专业是否相近，还要考虑其社会意义和未来发展前景如何，工作环境和保障条件如何。

　　首先，要认清现实的处境。现实需要生存的本领、竞争的技巧和制胜的捷径，要勇于面对社会无情的选择或残酷的淘汰。这个时候，你在选择别人，别人也在选择你，没有退路，只有向前走。要认识到有成功者就有失败者，这很正常。

千万不可争强好胜，钻进牛角尖出不来。遇到难题，不妨换一个角度思考，试试把自己的位置放低一点，说不定很快就能柳暗花明了。

其次，要结合自己的兴趣。兴趣，是一个人力求认识、掌握某种事物，并经常参与该种活动的心理倾向，有些时候，兴趣还是学习或工作的动力。

当人们对某种职业感兴趣时，就会对该种职业活动表现出肯定的态度，就能在职业活动中调动正面的心理活动，开拓进取，刻苦钻研，努力工作，这些都有助于事业的成功。

反之，如果对某种职业不感兴趣，强迫做自己不愿做的工作，这无疑是一种对精力、才能的浪费，也无益于工作的进步。

再者，要符合自己的性格。性格是指一个人在生活过程中所形成的对人对事的态度和通过行为方式表现出的心理特点，是生活态度，也是行为习惯。譬如，有的人对工作总是赤胆忠心，一丝不苟，踏实认真；有的人在为人处世时总是表现出高度的原则性，坚毅果断，有礼貌，乐于助人；有的人在对待自己的态度上总是表现出谦虚、自信的特质。

人与人的性格差异是很大的。有的人傲气、泼辣；有的人热情、活泼；有的人深沉、内向；有的人大胆自信有余而耐心细致不足；有的人耐心细致有余而大胆自信不足，等等，不一而足。性格与气质不同，所适合从事的工作自然有所差异。

例如：作为一名文艺工作者，除了要具备这一职业所要求的气质、能力外，其性格应具有活泼、开朗、情感丰富的特征；作为一名教师，除了具有丰富的知识外，还应具备热爱学生，对工作热情负责，正直、谦逊、以身作则等良好品质；作为医生，则被要求有人道主义精神，富有同情心、责任感和一丝不苟的工作态度。

实践证明，没有与职业要求相适应的性格品质，很难顺利地适应工作。

最后，要根据自己的能力。能力直接影响工作的效率，是工作顺利完成的基础和保障。它可以分为一般能力和特殊能力。例如，观察力、记忆力、理解力、想象力、注意力等属于一般能力，它们存在于广泛的工作领域；而节奏感、色彩鉴别能力等属于特殊能力，它们只会在特殊领域内发生作用。

社会上的任何一种职业对从业人员的能力都有一定的要求，如果缺乏某种职业所要求的特殊能力，即使你有机会真的吃上这碗饭，也难以胜任工作。

所以，在选择职业时绝不能好高骛远或单从兴趣出发，要实事求是地检验一下自己的学识水平和职业能力，这样才能找到合适的工作。

对于会计、出纳、统计等职业，工作者必须有较强的计算能力，认真细致的性格特点；工程、设计、建筑规划甚至裁缝、电工、木工、修理工等职业的工作者，需要具备空间判断的能力和抽象思维能力；而驾驶员、飞行员、牙科医生、外科医生、雕刻家、运动员、舞蹈家等职业工作者，则要具备手眼与肢体的协调能力。

上错了舞台的人，无论怎样卖力地表演，都演不成一出好戏。

迎接他的，也许只会是台下扑面而来的嘘声与矿泉水瓶。

你必须找到真正适合自己的位置，不要一时头脑发热就树立不切实际的目标。梦想虽好，也要靠现实能力撑腰。走上对的舞台，才有可能一炮走红。

必须有梦想，但不能去空想

紫雯是我过去的同事，一个长相 7 分的姑娘，身高 166 厘米，体重 56 公斤。漂亮，但也没有到惊艳的程度。

那时她的职业是公司文员，而她的理想是不再做文员。

她想做模特，尽管她没有接受过专业训练，也没有模特职业所要求的身材比例。

但她不肯放弃，经常请假参加各种模特选秀比赛。尽管遭遇了一次又一次的失败，她却乐此不疲。

由于紫雯经常请假外出，领导找她谈过几次，暗示她"如果这样下去，单位会考虑另选他人来做这份工作"。然而，她并没有把领导的话放在心上，依然我行我素，似乎在她心中，只要坚持，自己的"模特梦"就一定能够实现。

劝诫无果，公司最终决定辞退她。对此，她并不在意，因为这份工作对她而言，早已可有可无。现在，她可以全力以赴去实现自

己的梦想了。

就这样，她不断地尝试，又不断地失败。30 岁以后，当身边的朋友都已在各自岗位上有了一定的作为时，不再年轻的紫雯却仍然苦叹"红颜薄命""天不见怜"。

可以说，紫雯是一个"自不量力"的典型。她之所以一次一次地失败，就是因为缺乏实现目标的必要条件。

选择目标时，绝不可以冲动与盲目，要将目标设定得恰到好处，在实现目标的过程中，才能多些助力，少些阻力。

之前在一个景区游玩，见到过一个捞鱼游戏的摊子。摊主为前来捞鱼的人提供渔网，十元钱捞两次，捞起的鱼归捞鱼者所有。

一个小伙子来了兴致，俯下身捞起鱼来。可是，他一连捞破了几张渔网，也没能将自己想要的那条鱼捞上来。

小伙子懊恼不已，忍不住高声嚷道："老板，你这渔网太薄了吧！几乎一沾水就破，这样的网怎么可能捞起鱼来？"

摊主不紧不慢地说："小伙子，看样子你也念过不少书，怎么连这么简单的道理都不懂呢？你一心想捞起自己看中的那条鱼，可你是否考虑过自己手中的网能否承受得起它的重量呢？有追求自然是好事，但也要懂得量力而行啊！"

我想，这和我们追求事业、爱情等都是一样的道理。当我们锁定某一目标时，是否衡量过自身的实力、考虑过自身的条件呢？

事实上，随着物质生活水平的不断提高，很多年轻人在具备一定的物质基础，积累了一定的经验以后，逐渐失去了客观判断能力。在这种情况下，多数年轻人会产生一种错误的想法："别人有的一切，我都可以拥有。"这时，他们的目标已经脱离了实际，不再与自身条件相匹配。

19 世纪初，拿破仑率领近 7 万大军远征维也纳，进而乘胜追击俄奥联军，转战摩拉维亚，一举击溃了库图佐夫元帅统领的 9 万俄奥联军，取得了奥斯特利茨战役的胜利。

这位叱咤风云的法国皇帝对此感到非常满意，于是准备"犒赏三军"，便对勇猛的部下们说："你们打算要什么？尽管说出来，我会满足你们的。"

一位部下说："我要率军收复波兰！"

拿破仑立刻回答："这不成问题。"

又一位部下说："我在未追随您之前是个农民，对土地有着深厚的感情，我想要一块属于自己的土地。"

拿破仑允诺："你一定会有属于自己的土地的。"

一位将领提出："陛下，我爱喝酒，我想得到一个酒厂。"

拿破仑毫不犹豫地说："那就给你一个酒厂。"

这时，一位功臣提出："陛下，如果可以的话，我想请您赏赐我一条鲱鱼。"

拿破仑笑了笑："好家伙，就赏给他一条鲱鱼。"

拿破仑离开以后，众人围拢过来，纷纷对该人的要求表示不解。

那人说："你们向皇帝要土地、要酒厂、要收复波兰的统军权，皇帝虽然答应了，但兑现的可能小之又小。我比较现实，只要一条鲱鱼，或许真的能够得到。"

这位大臣显然是智者，他非常清楚，在人生道路上，最佳目标往往并非最有价值的那个，而是最易实现的目标。

年轻人大多志存高远、意气风发，都想成就一番大的事业。不过也正因如此，往往会将"幻想"与"理想"相混淆，追求不切实际的目标，结果，十年以后和今天一样，仍然一事无成。

前段时间，维密宣布了起用大码模特的消息。紫雯兴奋地跟我说，这下她或许真的可以成为模特了。

想想她三十几岁的年龄和并不专业的模特步伐，我不知道该不该泼一盆冷水上去。

年轻人胸怀抱负、志向远大，这绝对没有错，但务必记住一点："做我们能做的，成为我们能成为的。"

你可以有梦想，但不能空想。不以现实为基础的梦想，都是白日做梦。共勉。

梦想与现实，要一步一步丈量

认识铃兰的时候，她是一家图书公司的编辑，我经朋友介绍把写好的书稿发给她看。那时微信还没有流行起来，她的QQ签名是"一步，两步，三步……"

熟悉后，一次酒足饭饱后我问起她的QQ签名是什么意思，于是听到了这样一个故事——

2012 年，26 岁的铃兰辞掉了家乡小城安稳的事业单位工作，背着不大的双肩包，带着几件随身衣物和几千元钱，只身一人登上了来北京的绿皮火车。

为什么做出这样的决定呢？我不解。26 岁，在她的家乡小城，已经是该结婚生子安度余生的年纪了吧？

"为了理想啊。"她笑笑，说，她从小喜欢读书，一直有一个做出版的梦想，她想做一本愿意带到自己坟墓里的书。

初到陌生的城市，没有相关的工作经验，她就从最基础的校对员做起，用了 3 年时间打好基础，弥补了学历专业不对口的不足。后来辞职去了一家公司做文案，每天写稿写到深夜，不断地被挑剔，被退稿，跌跌撞撞终于也站稳了脚跟。一次机缘下，跳槽去了一家图书公司做编辑，实现了又一次跨越。

我以为故事到此结束。

几年后再见铃兰，她已经是那个图书公司的副总，管理着编辑、排版、发行等各部门几十号人，早已不是当初只会伏案改稿的小姑娘。

现在的她，做着名为朝九晚五双休日的工作，却干着实为"5+2""白加黑"的活儿，其中艰辛，自不必言。

我想，支撑她一路走下来的，正是那"一步，两步，三步"被划分成小块的梦想吧？

科学家们曾经做过这样一个实验。

以 30 个人为实验对象，平均分成三组，要求各组分别走到 60千米处的一个村落，观察各组人员完成任务以后的反应。

第一组，路程、目的地不详，他们的任务就是随着领队前行。结果，刚刚走了五分之一的路程，组员们便开始抱怨；走到五分之二的距离时，组员们开始叫苦不迭；走到四分之三处时，大部分人已经发起火来；走完全程以后，所有人的脸上都带着极度的沮丧与愤怒。统计结果表明，这一组花费的时间最长，而且情绪也最为低落。

第二组，大目标确定（已知村落的名字），也知道具体路线，但沿途未设路牌，无法预计时间与速度，只能依靠经验判断。结果，走到二分之一处时，已有人开始询问领队；走到四分之三处时，大多数人出现消极情绪；到达终点以后，所有人都苦不堪言。

第三组，方向、目标、具体路线详知，且沿途设有路牌作为指引，领队佩戴手表告知大家行进速度、剩余路程。第三组成员以每一个路牌为小目标，逐步完成，一路上大家欢声笑语、相互调侃，不知不觉便走完了全程。统计显示，第三组所花费的时间最短，而且也是情绪最好的。

这一实验说明，看不到目标，会使人产生懈怠、恐惧、愤怒的情绪；如果能够明确目标，并将目标细化成若干等份，并不断提示进展速度，人们就会自觉地克服困难，以轻松的心情迎接挑战，努力实现目标。

目标越细越好，最好能细化到每天和每小时，让自己真真切切地看到自己的目标在哪里，知道自己行进到了哪个阶段。实现了每一个细小的目标以后，大目标就可以水到渠成地完成了。

曾经看到过这样一个故事：

以前在君士坦丁堡、巴黎、罗马，都曾尝过贫穷而挨饿的滋味，然而在纽约城，处处充溢着富贵气息，艾德尔尤其为自己的失业感到可耻。

艾德尔不知道该怎么办，因为他觉得自己可以胜任的工作非常有限。他能写文章，但不会用英文写作。

白天，他就在马路上东奔西走，目的倒不是锻炼身体，而是为了躲避房东催缴房租。

有一天，艾德尔在42号街碰见了一位金发碧眼的高个子。艾德尔立刻认出他是俄国著名歌唱家夏里宾先生。

艾德尔记得自己小时候，常常在莫斯科帝国剧院的门口，排在观众的行列中间，等待好久之后，才能购到一张票，去欣赏这位先生的演唱。

后来，艾德尔在巴黎当新闻记者，曾经去访问过他，艾德尔以为他是不会认识自己的，然而他却还记得艾德尔的名字。

"很忙吧？"夏里宾问艾德尔。艾德尔含糊回答了他。艾德尔想：他已一眼明白了我的境遇。

"我的旅馆在第103号街，百老汇路转角，跟我一同走过去，好不好？"夏里宾问艾德尔。

这时已是中午，艾德尔已经走了5小时的马路了。艾德尔一脸苦相地说："但是，夏里宾先生，还要走60条横马路口，路不近呢！"

"谁说的？"夏里宾毫不迟疑地说，"只有5条马路口。"

"5条马路口？"艾德尔觉得很诧异。

"是的，"夏里宾说，"但我不是说到我的旅馆，而是到第 6 号街的一家射击游艺场。"

这有些答非所问，但艾德尔却顺从地跟着夏里宾走，一会儿就到了射击游艺场的门口，看着两名水兵，好几次都打不中目标。然后，他们继续前进。

"现在，"夏里宾说，"只有 11 条横马路了。"艾德尔摇摇头。

不多一会儿，走到卡纳奇大戏院，夏里宾说："我要看看那些购买戏票的观众究竟是什么样子。"几分钟之后，他们继续向前进。

"现在，"夏里宾愉快地说，"离中央公园的动物园只有 5 条横马路了。里面有一只猩猩，它的脸很像我所认识的一位唱次中音的朋友。我们去看看那只猩猩。"

又走了 12 个横路口，已经来到百老汇路，他们在一家小吃店前面停了下来。橱窗里放着一坛咸萝卜。夏里宾遵医生之嘱不能吃咸菜，于是他只能隔窗望望。"这东西不坏呢，"夏里宾说，"使我想起了我的青年时期。"

艾德尔走了许多路，原该筋疲力尽了，可是奇怪得很，今天反而比往常好些。这样断断续续地走着，走到夏里宾旅馆的时候，夏里宾满意地笑着："并不太远吧？现在让我们来吃中饭。"

在午餐之前，夏里宾解释给艾德尔听，为什么要走这许多路。"这是生活艺术的一个教训：你与你的目标之间，无论有怎样遥远的距离，都不要担心。把你的精神集中在 5 条横街口的短短距离，别让遥远的未来使你烦闷。常常注意未来 24 小时内使你觉得有趣的小玩意。"

夏里宾先生把 60 个路口一次又一次地分割成更小的目标，最终分割到 5 个路口。每次只是走一段路实现一个小的目标，而总的大目标实现起来就容易多了。

我们的目光不可能一下子投向十年之后，我们的手也不可能一下子就触摸到十年以后的那个目标。为了不让自己因目标遥不可及而心生倦怠，从现在开始，我们应该一步一步走向成功，每天都能看见通往终点的路标，每天都能尝到成功的甘甜，体味到奋斗的喜悦与满足，脚踏实地的付出换来的永远是实实在在的收获。

许多年轻人，之所以在成功的路上折戟而返，往往不是因为成功的难度太大，而是觉得目标距离自己太遥远。换句话说，他们并不是因为失败才不得不放弃，而是因为胆怯而走向了失败。

如果他们能聪明一点，将目标化整为零，把长距离分成若干个短距离，然后分阶段实现它。那么，他们就可以因不断成功，激发出更大的动力去实现下一个目标。

你的梦想要一步一步实现，当你一点一滴付出努力的时候，更美好的明天也在一步一步向你走来。

志在山顶的人，不会留恋山腰的风景

每次顺顺休假回国的时候，都会成为我的免费代购员。

今年已经是她去日本的第三个年头。

几年前，我们同在一家公司任职，分属两个不同的部门。后来，我们又一同辞职，我开始创业，她出国留学。

当时很多人都对她的选择表示惋惜，辞去这样一个职位不低、收入不错的工作，况且年近三十仍单身，去另一个国度重新开始，风险未免太大。

当时公司极力挽留，但她还是义无反顾地走了，就这样一头闯进"霓虹国"的茫茫人海。

后来我们一直联系不断，知道她读了心仪大学的研究生，还没毕业，已经接到了一家大公司的 offer。

而之前我们一同离职的那家公司，已经在激烈的市场竞争中势同累卵，摇摇欲坠。

不难想象，如果当初她在公司大幅加薪的挽留下放弃出国读书，如今将是怎样的境遇。

志在山顶的人，不会留恋山腰的风景。中途的景色再美，也比不过站在最高处的一览众山小。

曾经有两位心理学家宣称，他们发明了一种绝对正确的智能测验方法。

为了证实自己的研究成果，他们选择了一所小学的一个班级，帮全班的学生做了一次测验，并于隔日批改试卷后，公布了该班5名天才儿童的姓名。

20年后，追踪研究的学者专家发现，这5名天才儿童长大后，在社会上都做出了极为卓越的成就。这项发现引起了教育界的重视，他们请求那两位心理学家公布当年测验的试卷，弄清其中的奥秘所在。

那两位早已满头白发的心理学家，在众人面前取出一只布满尘埃、封条完整的箱子，打开箱盖后，告诉在场的专家及记者："当年的试卷就在这里，我们完全没有批改，只不过是随便抽出了5个名字，将名字公布。不是我们的测验准确，而是这5个孩子的心态很好，再加上父母、师长、社会大众给予他们的协助，使得他们成为真正的天才。"

年轻人的未来取决于他的人生目标。人生目标可以重塑一个人的性格，改变一个人的生活，也可以影响他的动机和行为方式，甚至决定命运。每个人的生活都是在人生目标的指引下进行的。如果思想苍白、格调低下，生活质量也就趋于低劣；反之，有较高的目标和追求，生活则会多姿多彩，尽享人生乐趣。

我们常听到人们谈论天赋、运气、机遇、智力和优雅的举止对

你的努力终将成就更美好的自己

于一个人的成功是多么重要。但是，如果有了这些条件却没有远大的目标，也是不会成功的。

年轻人最大的绊脚石往往是这种错误的想法：认为天才或成功是先天注定的。

固然，一粒煮熟的种子即便在适宜的环境下也不会发芽、生长。但是，只是因为成不了高大的橡树，只是因为自己不可能像橡树一样又高又直，就不相信自己的能力，就在犹豫和彷徨中浑浑噩噩地度过一年又一年，那也是非常荒唐可笑的。

成功从确立目标开始，但目标有长远目标与眼前目标之分，这两种目标对于人的成长来说都是必不可少的。目光短浅、缺乏远大理想会导致急功近利、一事无成。人首先应该把眼光放远，把注意力集中在长远的目标上，那样才能知道轻重缓急、知道如何取舍。

长远的目标能唤起一个人的热情与潜能，而远大目标的建立很大程度上取决于你是否具有长远的眼光。具有长远眼光的人，面对困难时不退缩、不动摇。具有远大目标的人，会把自己想要达到的最终目的、景象作为检验行为的标准。

任何成功者都不是空有一腔抱负的梦想者，他们把志向根植于客观的现实之中，凭借有目标的梦想使他们对现实产生不满，因不满而刺激他们不断奋斗以追求成功。所以，将眼光放远是一个人为事业奋斗的力量源泉，也是取得人生成功的基础。

美国五大湖区上的运输大王博尼斯在最初进入社会做事时说："我从楼梯的最低一级尽力朝上看，看看自己能够看到多高。"最初之时，他一无所有，但是他的希望和理想却非常高远。

由于穷困，博尼斯从纽约一步一步走到克利夫兰，在湖滨南密执安铁路公司总经理之下谋了一个书记员的职位。但是，工作了一段时间，他觉得这份工作除了忠实、机械地干之外，没有什么发展前途。他觉得坐在一个矮梯子的顶上，更容易跌倒，不如爬一个看得见顶的梯子，一心只想朝上爬。

于是，他辞去了这份工作，通过努力在赫约翰大使的手下谋得一份工作。博尼斯说："我最初走到克利夫兰来，原是想做一个普通水手的——这是一种儿童追求冒险和浪漫的理想。但我却没有当水手，而每日每时与美国最完美的一个理想人物（就是赫约翰，他后来成为美国国务卿兼驻英国大使）相接触，这也是我的好运气，他成为我各方面的理想人物了。"

正是因为有了长远的眼光，博尼斯看到假如他同一个小人物相处，绝不能有很大的发展。于是，他选定了一个大人物，然后以这个人为自己心目中的偶像。他选定了赫约翰，便为自己树立了一个目标。

一个人要有长远眼光才能进步，但是眼光也必须时时改进。从心理学上讲，一个人如果安于现状，对现状并不觉得不满意，便不会去想如何改进现状，也就不会有一个更光明的前途。

志向远大的人，总是会树立长远的目标，规划出前进的路线，然后照着路线从起点走到终点。

志在山顶的人，不会留恋山腰的风景。燕雀的舒适生活，也无法让鸿鹄放弃广阔天空。如果你想到达山顶，就要不畏艰险勇敢攀登，不为半山腰的美景停留。

因为山腰再美也不过是花花草草，而山顶有你从没见过的云蒸霞蔚。

出走半生，归来仍是"马老师"

2019年9月10日，在阿里巴巴成立20周年之际，55岁的马云正式卸任阿里巴巴董事局主席。在商场叱咤半生的"风清扬"至此退隐江湖，重新做回"马老师"。

事了拂衣去，深藏功与名。

然而人们不会忘记，20年前，以马云为首的"阿里十八罗汉"于陋室中克服重重困难，一手打造了今天誉满全球的互联网商业帝国。

作为当今IT界的王者，草根创业英雄马云没有家庭后台，也没有什么名校学历和海归背景，甚至连长相与身高都没有优势——媒体委婉地称他"长得很童话"，而他的个头大概只能与拿破仑相比。就是这么一位普通的英语教师，居然一手缔造了享誉全球的阿里巴巴与淘宝网。

我们都知道，在那个阿里巴巴与四十大盗的童话中，阿里巴巴口念"芝麻开门"就可以开启强盗的宝库。现实中的阿里巴巴同样充满传奇色彩，每一次"芝麻开门"都是那么激动人心。

1999年3月，马云的阿里巴巴在杭州市一座居民楼里诞生。8年后的2007年，在胡润推出的中国内地财富榜上，马云的财富为

50 亿元人民币。

阿里巴巴能有今天的成就，当然离不开"坚持"，而坚持来自坚信。

马云首先坚信的是自己的能力，无论媒体如何"贬损"马云的外表，都无损于他自信、睿智、能干的强者形象。同时，他还坚信自己选择的事业方向是正确的。

马云说，他从创业之初就坚信电子商务一定会发展起来："如果说当时我就知道自己的电子商务能够发展成今天的规模，那我肯定是在吹牛。但是，我相信它会发展，所以我一直坚持着。"

马云"坚信互联网会影响中国、改变中国；坚信中国可以发展电子商务；也相信电子商务要发展，必须先让网商富起来"。

在"相信自己"这一点上，马云对年轻人的建议是这样的："人必须有自己坚信不疑的事情，没有坚信不疑的事情，那你不会走下去的，你开始坚信了一点点，会越做越有意思。"

马云创办阿里巴巴后的第二年，也就是 2000 年，网络经济泡沫破灭，互联网企业陷入了低谷。那时的阿里巴巴也未能幸免，人心浮动，人员流失，阿里巴巴在美国的办事处和国内一些地区的办事机构也相继关闭。

马云后来回忆当时的心情："互联网能走多久，这些想法到底是天真还是诳语？到了最冷的冬天，大家觉得这个公司不可能走下去，那时的压力太大了。"

这是一段最困难的时期，现实的浮躁、对未来的迷茫以及员工的不理解，让马云陷入低谷。一次会议之后，马云在长安街上黯然地走了 15 分钟。马云说："坚持到底就是胜利，如果所有的网络公司都要死，我希望我们是最后一个死的。"

在一次电视访谈中，马云有过一番这样的讲演："做人的道理我不敢讲得太多，但我自己这么看，我觉得今天很残酷的，明天更残酷，后天很美好。绝大部分的人都是在明天晚上死掉的，见不到后天的太阳。所以对我们这些人来说，如果你希望成功的话，那就每天都要非常努力，活好今天，你才能过到明天；过了明天，你才能见到后天的太阳。"

在互联网经历寒冬的时候，很多人在逃难，就连马云团队里的一些人也产生了动摇，纷纷出去另谋出路。

马云认为当年从他的公司里逃难的人都是"聪明人"，只有一批"傻子"坚持和他在一起。"聪明人"与后来的财富擦肩而过，财富青睐的是坚持到底的"傻子"。

成功的路途没有止境，为了见到后天的太阳，傻傻的马云仍在坚持着，追逐着。

马云的坚持到底让他以及他的"傻子"团队收获了什么呢？

在香港上市的阿里巴巴 B2B 公司，总市值已超过 680 亿港元；马云直接持有上市公司股份的价值超过 25 亿港元；蔡崇信、卫哲等高管成为千万乃至数亿级别的超级富豪；阿里巴巴公司有超过 1000 人成了实际意义上的百万富翁……中国互联网有史以来最大的富人帮也由此诞生。

马云在公司上市前，把公司 300 多名元老召集到一起开了个会。这些人毫无疑问都进入了阿里巴巴的富人俱乐部。在这个会上，马云和这些元老的一个共同感叹就是：大家有今天的财富，全在于坚持。

如今，马云卸任阿里巴巴董事局主席，第一时间将微博名称改为"乡村教师代言人——马云"，不能不说，这也是他对教育事业的坚守。

正是这份坚持与坚守，成就了马云一项又一项事业的辉煌。

今天很残酷的，明天更残酷，后天很美好。绝大部分的人都是在明天晚上死掉的，见不到后天的太阳。

如果你想有更好的前程，想获得更大的成功，想拥有更美好的人生，就坚持自己的理想和信念，努力拼搏吧。只有坚持不懈，才能跑到终点。

你专注目标的样子最帅

认识小邢是在七八年前，那时他在我们小区门口经营着一家不足十平方米的小店，从事着卖电脑、修电脑、安装监控设备、网络布线等业务。

我时不时去他那儿修个电脑、买个鼠标之类的，一来二去熟悉了，常约着一起吃个饭，他有事出去时帮他看看店。

对于我这个电脑白痴来说，他拿着主机拆拆装装的样子帅呆了，我的相册里至今仍存着他低头焊主板的侧颜，当年的颜值不输现今荧幕上的一众小鲜肉。

后来网商崛起，这种小电脑店的生意越来越难做，他便将主营业务放在了弱电安防报警系统这一块，自学了 CAD、Visual Studio Basic、Altium Designer 等专业软件。由于很多相关系统只有英文版，只有高中学历的他又重新学习了英文。

随着解锁的技能越来越多，他发觉自己能够接触到的技术领域太狭窄，想要往更广阔的平台走一走。

于是他关掉店铺，应聘去了一家公司做项目经理，主持了不少大中型项目，其间接触到了很多国际前沿技术，如今在自控系统调试界已然小有名气。

现在，他在一家公司任总工程师，不再是当年抱着电脑拆拆修修的青涩小伙。人到中年，颜值不再，但认真工作时专注的样子依然很帅。

也正是对事业的这份专注，让他不断学习新的技术，探索未知的领域，攀登了一个又一个的事业高峰。

我还听过这样一个故事：

有一位农村妇女没读完小学，连普通话都讲不清楚。因为女儿在美国，所以她申请去美国工作。她到移民局提出申请时，申报的理由是"有技术特长"。

移民局官员看了她的申请表，问她的"技术特长"是什么，她回答是会"剪纸画"。她从包里拿出剪刀，轻巧地在一张彩纸上飞舞，不到 3 分钟，就剪出一幅栩栩如生的动物图案。移民局官员连声称赞，她申请赴美的事很快就办妥了，引得旁边和她一起申请而被拒签的人一阵羡慕。

这个农村妇女并没有其他的过人本领，但她有一把别人都没有的剪刀。一个人没有学历，没有工作经验，但只要有一项特长，一处与众不同的地方，就可能得到社会的认可，拥有其他人不能获得的东西。

可是在我们身边，许多人往往走入误区，譬如一些大学生在校读书期间，忙着考这个证，考那个证，证书弄了一大摞；忙着做主持、当模特，业余职业换了一个又一个，但毕业之后却很难找到一份合适的工作。原因就是他们分散了时间和精力，没有专注于某一方面技能的培养，看似什么都会，实际哪一样都没有很出色。

互联网简直就是一个盛产神话的地方，就像所罗门王的巨大宝藏，吸引了许多探宝者，有的人满载而归，更多的人是铩羽而归。在这些满怀淘金梦的人中，有一个叫李彦宏的人吸引了人们的眼球。

当年，年纪轻轻的李彦宏从美国硅谷回国创业。他一心想在IT行业做番事业，将创业的方向锁定在中文搜索引擎上。

之所以有这个选择，与他在北京大学图书馆系情报学专业求学的背景，以及他后来在美国学的计算机检索专业和为一家报纸做信息搜索的经历有关。专业知识的素养和相关工作的经验，都让李彦宏坚信互联网搜索将是非常有前景的商业模式。

"众里寻他千百度，蓦然回首，那人却在灯火阑珊处。"从辛弃疾的《青玉案》中，李彦宏挑选了"百度"来作为自己初创的网络搜索引擎公司的名字。

他的这一次创业，正赶上了互联网经济的泡沫破灭，很多人都对他摇头，包括当时中国互联网行业的先驱和领导者张树新："你怎么这么过时，现在还搞搜索引擎，搜索都诞生好几年了。"

李彦宏并不服气，他试着去和风险投资商谈判，最后终于与自己的合作伙伴成功地找到了 120 万美元的风险投资。李彦宏的百度蹒跚上路。

经过五年多的跋涉，百度跑到了美国的纳斯达克。百度的上市于一夜之间让李彦宏成为亿万富翁。

创业艰难百战多。站在纳斯达克炫目的舞台上，李彦宏仍用"专注"一词来归纳自己的成功。他自始至终坚持中文搜索。"诱惑太多，转型做短信、网络游戏、广告的都马上赢利了，我们选择了一条长征的路线，而且几年来一直没有变。"

如今，百度已成为国内第一大搜索引擎，李彦宏的名字更是早已家喻户晓。

IT 行业里还有一个鼎鼎有名的人，叫王文京，是用友软件集团的董事长。十几年的时间，王文京从一介书生发展到个人身价高达数十亿元的企业家，他一手缔造的用友软件也牢牢占据着中国财务软件的领导地位。

谈及自己的创业经历，王文京用最简单的语言概述道："一生只做一件事。专注，坚持。要想在任何一个行业出头，必须有沉浸其中十年以上的决心，人一生其实只能做好一件事。"

正是凭着这朴实而坚定的人生信条，王文京实现了用友软件商业化的梦想。

李彦宏和王文京都不约而同地强调"专注"，值得我们好好比照与反思自己的行为。专注，意味着集中精力发展与突破。很多人涉足很多领域，学习很多知识，其实才能很虚弱，每一项都没有很强的竞争力。

专注于某一件事情，哪怕它很小，努力做到极致，总会有不寻常的收获。

大凡成功人士，都能专注于一个目标。林肯就专心致力于解放黑人奴隶，并因此使自己成为美国最伟大的总统。伊斯特曼致力于生产柯达相机，这为他赚到了数不清的金钱，也为全球数百万人带来了不可言喻的乐趣。

每天都花一点点时间问一下自己的内心：你真正想要的是什么？什么才是你人生中最重要的？慢慢地，你会发现，那些遥远的、不切实际的东西都是你行动中的累赘，而有些离你最近的事物有可能是你的快乐所在。把精力集中在那些最能让你快乐的事情上，别再胡思乱想、偏离正确的人生轨道。

只要我们专心地做一件自己擅长的事，全身心地投入并积极地希望它成功，就不会感到精疲力竭。

不要让我们的思维转到别的事情或别的想法上去，专心于我们正在做的事。选择最重要的事先做，把其他的事放在一边，做得精一点，做得好一点，我们就会得到更多的收获。

要挖井，专掘一口。只要专注于某一项事业，就一定会做出使自己感到吃惊的成绩来。

你的目标必须是明确而唯一的。

你的努力终将成就更美好的自己

有一个手表定理这样说：如果给你一块手表，你能很准确地知道现在的时间；而如果同时拿着两块手表，它们所指的时间不同，你就不敢肯定哪一个准了，反而失去了对手表指示时间的信心。

努力做事的人，一定要专注，全身心地沉浸在自己的事业中，不受任何外来因素的干扰。

现实生活中，有些人虽然有很高的理想，也愿意为了自己的理想付出努力。但是他们并不专注，今天觉得这项事业有前途，明天认为那项事业有发展，不断尝试，却不肯走向深入。最后终因三心二意而一事无成。

有这样一则由三幅图画构成的漫画：

第一幅画是有一个人在挖水井，但没有挖到水；第二幅画是这个人放弃这口井，而重新开挖另一口井，而井里仍然没有水；第三幅画是他又放弃了第二口井，开始挖第三口井，这口井中依然没有水。

这则漫画告诉我们，在工作中不能三心二意。选择好了挖井的地点，就要一鼓作气挖下去。

漫画中的这个人，如果将挖这三口井所花费的时间和力气全都用于挖一口井，或许早已挖出水来。然而他的这种挖法，在任何一处挖井都将半途而废，可以推想他是永远也不会挖出井水来的。

对每一位追求成功的人来说，目标专一都是十分重要的。

英特尔是一家电脑芯片制造商，他们致力于把全部资源都放在制造更好的芯片上，使自己的芯片在不到 10 年的时间里，就达到比电脑处理器速度快 4 倍以上的能力。他们以一年快过一年的速度设计，不断推出处理速度更快的芯片，保持自己在世界上的领先地位。

他们之所以有这样的成就，就是因为英特尔公司专心致力于微处理器的研制工作，而不去关心其他(例如软件或数据机之类)的事情。

目标专一，并非不求上进，而是一种锲而不舍、全神贯注的追求。要做到目标专一，不但要有魄力，而且要有定力，摆脱其他事物的诱惑，不为一切名利权位等中途易辙。这种定力是决定一个人能否"挖出井水"的最重要的条件。

一个人，能认清自己的才能，找到自己的方向，已属不易；然而更不容易的是抗拒潮流的冲击。

许多人只是因为某件事情流行，就随波逐流，转变自己的方向。他忘了衡量自己的能力与兴趣，最终迷失了自我，错失了真正成功的机会。

梭罗创作《阿尔登湖》时，为了寻找感觉，跑到森林中度过两年的隐士生活。自己栽种豆和玉米为食，摆脱了一切剥夺他时间的琐事俗务，一心一意地去体验林间湖上的景色和他心灵所产生的共鸣。他从中发现许多道理，从而完成了《阿尔登湖》这本名著。

古往今来，凡是有成就的人，都能够专注于自己的目标，这是他们成功的根本原因。

世界上无数的失败者之所以没有成功，主要不是因为他们的才干不够，而是因为他们不能专注于一个目标，分散了精力。现代社会的竞争日趋激烈，你必须专心一致，对自己的目标全力以赴，才能做到得心应手，取得出色的业绩。

一个人最帅的，并不是鲜衣怒马青春飞扬的时候，也不是飞黄腾达拜相封侯的时候，而是为了梦想又专注又努力的时候，是孤注一掷踏平荆棘的时候，更是筚路蓝缕不改初心的时候。

希望你，有朝一日得见自己最帅的模样。

第三章
余生很贵，请别浪费

年少的时候总觉得时间过得太慢，想要快快长大；等到真的长大了却要每天追着时间跑，恨不得一天拥有 2G 小时。

时间对于每个人都是公平的，无论我们嫌时间太慢还是恨时间太快，它都不会加快一分或者减慢一秒。

有人用一天的 24 小时做出了伟大的成就，也有人用这 24 小时玩游戏或者发呆。

当岁月流逝，时光老去，你会怎样回顾自己的一生呢？你会为自己的收获而欣慰，还是会为虚度年华而悔恨？

时间过去就不会再回来，余生很贵，请你不要浪费。

人生苦短，须马不停蹄

汪曾祺在《人间草木》中讲过这样一句话："我念的经，只有四个字：'人生苦短'。因为这苦和短，我马不停蹄，一意孤行。"

自从婴儿呱呱落地的那一刻起，时间便成了生命曲线的横坐标，生命之舟的长流水。人们在时间中成长，在时间中创造，在时间中谱写自己的生命之歌。

珍惜时间就是珍惜生命，不要等到时日不多，才意识到生命的可贵。

有一次生病去医院，在拥挤的候诊室里，一位老先生突然站起来走向值班护士。"小姐，"他彬彬有礼地说，"我预约的时间是3点，而现在已经是4点，我不能再等下去了，请给我重新预约，我改天再来！"

旁边两个妇女议论道："他看起来至少有80岁了，他现在还能有什么要紧的事？"

那位老人转向她们说："我今年88岁了，这就是我不能浪费一分一秒的原因！"

一句话，时间与生命是息息相关的。

人们常说生命最宝贵，但是仔细分析一下，就会发现，人最宝贵的其实是时间。因为生命是由一秒钟、一分钟、一小时的时间累积起来的，时间就是宝贵的生命。

时间的宝贵，就在于它公平地分配给每个人，但又因对待它的态度不同而产生不同的价值。

时间就像是冥冥中操纵一切的神灵，它绝不会辜负珍惜它的人。珍惜时间的人可以获得丰厚的回报，而浪费时间的人只会虚度一生，无所作为。

有人曾这样设想：我愿意站在路边，像乞丐一样，向每一位路人乞讨他们不用的时间。愿望是美好的，如果真能乞讨到时间，相信所有人都会甘做这样的"乞丐"。

然而，懒惰的人把许多宝贵的时间都给浪费掉了，每日得过且过，虚度着自己的年华。只有勤奋的人、做事讲求效率的人、懂得科学支配时间的人，才可以用有限的时间成就无限辉煌的事业。

时间是乞讨不来的，时间只会提醒你切莫在生活的沙滩上搁浅，激励你不断开拓前进。

对于酷爱时间的人，时间给予热情的报答；对于奋力赶超时间的人，时间将无私地帮助他超越岁月。

可是，对于轻视时间的人，时间会嗤之以鼻，把他抛至脑后；对于挥霍时间的人，时间则一笑而过，使他一无所得；对于遗弃时间的人，时间将愤然离去，使他追悔莫及；而对于戏弄时间的人，时间就毫不留情，给予他苦果一枚。

只有那些具有深刻时间观念的人，才可能成为运筹时间的高手。有时间观念的人，会因为无聊地过了一小时而后悔不迭，会想方设法地去寻找运筹时间的方法。

古今中外，凡是有成就的人物都具有时间观念。

美国首任总统华盛顿，享誉盛名。他的许多部下都领教过他严守时间的作风。只要是他约定好时间的事情，必定会按时做到，一秒都不差。

有一次，他的一位秘书迟到了两分钟，看到华盛顿满脸怒容的样子，他赶紧解释说，他的手表不准。

华盛顿正色道："或者是你换一只手表，或者是我换一个秘书！"

华盛顿对时间的重视，使得这位秘书从此不再迟到一分一秒。

华盛顿所具有的这种守时观念，事实上正是每个现代人都应当具备的。

善于利用时间的人总是分秒必争，惜时如金，奋斗不息，从而使有限的生命变得更加充实。

法国哲学家狄德罗有这样的体会：工作的好处之一是，缩短我们的日子，延长我们的生命。

而有些有拖沓磨蹭习惯的人总是让不可多得的良辰在无休止的梦境中消磨，在浑浑噩噩中荒废，得到的只是空虚的精神和衰老的肌体，这无疑是缩短了自己的寿命。

可以断言，总是随意浪费自己时间的人，他几十年的生命绝不会有什么意义。

时间的宝贵，在于它的不可把握，它既不能被创造，也不能被储存。世界上有许多珍稀古玩的收藏者，却没有时间的收藏家。

人的生命是有限的。以现在人均寿命计算，人一生一般有 50 多万小时，除去睡眠时间也有 30 多万小时。

人的一生是消耗时间的过程，但因每个人利用时间的方式不同，所得的成果也有着天壤之别。

你用了太多时间刷抖音，就不可能有时间读很多的书。

你用了太多时间游山玩水，就不可能有时间处理大量的工作。

你用了太多时间跟一个个红颜知己从诗词歌赋谈到人生哲学，就不可能有时间认真交一个女朋友。

亦舒有句话说得非常好：一个人的时间用在哪里是看得见的。

人生苦短，你必须抓紧每分每秒，去努力，去奋斗，去实现梦想，去创造未来。只要马不停蹄地向前狂奔，更美好的风景总会不断展现在你面前，更美好的人生总会出现在道路尽头。

现在浪费的每分钟，都会在明天变成巴掌打在你脸上

小慧是亲戚家的孩子，去年参加了高考。

小慧智力平平，但一直学习很努力，平时成绩中上，不出意外地考上了一个二本院校。

虽然只是二本，但家人依然很高兴，毕竟孩子考上了大学；但也没有特别高兴，因为平时成绩也不差，考上大学是意料之中的事情。

然而小慧的失落却是显而易见的：她的成绩离第一志愿只差8分。

收到录取通知书后我请她吃饭作为庆祝，席间她跟我讲了情绪低落的原因。

原来，高考数学试卷上的一道15分的解答题，她在考试前一天

从一本习题册上看到了同类题型，但是想着马上就考试了，应该放松一下好好休息，而且觉得考试未必就会出这道题，于是合上书本出去散步了。

结果，考场上正是这道题难住了她。

如果当时她花上 20 分钟看一下这道题，或许就能考上自己心仪的学校，也不必像如今这样承受巨大的失落与自责。

痛苦不是因为失败，而是因为你本可以。

据美国有线新闻网报道，英国一位教授曾推导出一个公式，首次计算出一分钟的价值。

解决这一难题的是英国沃里克大学的经济学教授伊恩·沃克，他的计算结果是：平均下来，一分钟对于英国男人来说值 10 便士 (15 美分)，对于英国女人来说值 8 便士 (12 美分)。

沃克教授推导的公式为：V={W[(100–1) ／ 100]} C，其中 V 是每小时的价值，W 是每小时工资，C 代表当地生活开销。

根据沃克教授的理论，时间宝贵极了，甚至你刷 3 分钟牙便会令你失去 30 便士；如果自己动手洗一次车，除了水和去污剂要花钱外，还有 3 英镑的时间损失费呢。

可见，这个公式不仅解答了"时间到底值多少钱"的问题，而且还对我们的生活具有很大的指导意义。比如，时间管理者可以借助这个公式来计算自己加班到底划不划算，打车省钱还是乘公共汽车省钱，等等。

一个人的时间价值往往不是平均分布的，因为事情有轻重缓急之分，往往关键时刻的一分钟具有非常大的价值。

林恩是瑞士一家酒店的房务接待，一个阴雨连绵的早晨，一切都显得格外沉寂，电话也比往日少了许多。林恩把前一天的几份订单存底重新装订入册，然后又回复了两份传真。两件事总共用了林恩不到 10 分钟时间。

最后林恩坐下，心想可不可以利用这个时间下去吃份早餐。早晨上班时她走得匆忙，只在手提袋里装了两枚柳橙。她犹豫了几分钟，最终还是起身离开了接待室。

20 分钟后，林恩返回，一切如常，电话安静地躺在那里。林恩不知道一桩 70 万美元的生意就在她离开的 20 分钟里丢失了。

在电话铃响两次无人接听后，这桩生意落入他人之手。

两个月后，美国一家国际公司为期 15 天的销售年会在瑞士的另一家酒店召开。那家酒店无论从设施还是服务上都不如林恩所在的酒店。但那历时半个月的、规模盛大的销售年会以及来自世界各地的客人却使那家酒店一时间变得炙手可热，并通过世界各地客人的口耳相传而知名度大增。

客人依据什么选择了那家酒店？在做出决定之前有没有进行过选择？他们进行了怎样的选择？

林恩所在酒店的老板始终想不明白其中缘由，事后经过多方了解才知道，那家美国国际公司在瑞士的三家酒店中遴选，林恩所在的酒店因两次电话铃响均无人接听而在第一轮筛选中被淘汰出局。

仅仅因为林恩用了这 20 分钟工作时间吃早餐。

此后，因为有了第一次的愉快合作，那家美国国际公司的年会一连在那家酒店开了 4 次，总费用高达 280 万美元。此外，那家酒店获得的还有知名度的提升。

善于利用时间，把时间的价值尽量提升到最大值，是每一个成功者的愿望，也是其成功的条件。

最终成功的人，都是十分珍惜时间，善于利用时间，在每一分每一秒中都进行"充分劳动"的人。

成功的人尽力去实现时间的价值，尚未成功的人会不断地感叹时间的价值，还有一些人不明白时间的价值，因此人与人就有了千差万别。

而你现在浪费的每一分钟，都有可能在未来变成打在你脸上的响亮耳光，让你追悔莫及、无力回天。

你有你要赶去的远方，必须披星戴月风雨兼程。将寸寸光阴都铺成脚下的路，你才能到达梦想的地方，活成你想要的模样。

找准大脑的生物钟并充分利用

记得上中学那会儿，我白天总是昏昏欲睡，一到晚上却生龙活虎倍儿精神。为此，白天上课精神不集中，没少被罚站；晚上十一二点不睡觉，也没少挨骂。

学习成绩自然是不太好的。

毕业工作后没人耳提面命地管着了，我由着自己性子昼伏夜出，将重要的学习与工作内容都留到夜深人静的时候完成，效率反倒提高了不少。

由此也想明白了，人哪，不要跟自己的生物钟较劲，也没必要随大溜——别人什么时候学习你也什么时候学，别人什么时候睡觉你也什么时候睡。别人80岁就死了，你到80岁时也该死吗？你不是别人，你的身体有自己的作息规律，适应它就好，没必要从众。

每天的时间都是有限的，充分利用好你最清醒的时间段，该学习学习，该工作工作；在不那么清醒的时候休息放松，不辜负时光，不辜负自己，就是对生命最大的尊重。

每个人的身体素质不同，每个人的工作性质和工作环境不同，每天比较清醒的时段也就各不相同。至于最佳用脑时间，也是由各自的生物钟决定的。

生物钟是指人体内按一定时间出现一定生理行为的周期，人的智力、体力、情感都按一定周期发生着变化。例如，有的人在每天的某一时间段都感到困倦，这就是生物钟现象。

据国外一些生理学家研究，发现人体内存在着一百多种生物钟。大脑的活动，也受生物钟的影响和制约。

英国学者经过测试发现，对于一般人而言，上午8时大脑具有严谨、周密的思维能力，下午2时逻辑思维能力最强，晚上8时记忆力最强。

当处在最佳用脑时间时，脑细胞处于高度兴奋状态，此时，大脑接收、整理、加工、储存和输出信息的效率比其他时间高。

但是一定要记住：每个人的最佳用脑时间都是不同的，不同的，不同的！

重要的事情说三遍。

有的人早上脑子好使，被称为"百灵鸟"型；有的人在夜里脑子好使，被称为"猫头鹰"型——我就是典型的猫头鹰型。

不过，生物钟是可以通过锻炼、刺激进行调整的。因此，要养成良好的生活、工作、学习、睡眠习惯，使生活规律化。

每个人都应该摸索并探知到自己大脑的生物钟，充分利用它。

你需要总结自己的工作规律和生物钟的规律，寻找出每天的思维黄金时间，在这个时间去做最重要的工作，而把例行性的、不重要的工作安排在其他时间去做，以提高工作效率。

杜绝瞎忙，提升效率

时间管理是事业成功的关键。一个人、一个团队能否在自己的事业生涯中取得成功，关键就在于是否做好了时间管理。

在国外，很早以前就出现了时间管理学，现在已经发展到了第四代。

美国的托马斯·爱迪生说过，世界上最重要的东西是"时间"。美国著名的管理大师杜拉克也说："不能管理时间，便什么也不能管理。""时间是世界上最短缺的资源，除非严加管理，否则就会一事无成。"

会不会利用时间不是单纯地看某个人在工作时间内是不是忙个不停。有很多人，从早忙到晚，不但在工作时间忙个不停，而且经常加班加点。

表面上看，他好像很努力，很会利用时间，但事实上并非如此。很多从早到晚忙个不停的人，他的工作绩效并不一定突出，有些甚至非常低。

这是为什么呢？

就是因为他们每天都在"瞎忙"。

但是，我们应该知道，有效地利用时间绝对不是"瞎忙"，而是高效率地利用时间，使每一分、每一秒都产生最大的效益。

每个老板都喜欢这样的员工：他们永远准时，从不忘记要办的事情；总是能够按事先计划的步骤，如期甚至提前完成工作；事事都办得很完美，总是看起来从容不迫、井井有条。他们并没有超出常人的能力，他们只是懂得时间管理的技巧与方法。

我看过这样一个故事：

美国某公司的董事长赖福林是一个有效利用时间的能手。

他每天清晨6点之前准时来到办公室，先是默读15分钟经营管理哲学的书籍，然后便全神贯注地思考本年度内必须完成的重要工作，以及所需采取的措施和必要的制度。

接着开始考虑一周的工作，这是一项十分重要的工作。

他把本周内所要做的事情一一列在黑板上，之后就在去餐厅与秘书一起喝咖啡时，把这些考虑好的事情——小至员工的孩子入托，大到公司的大政方针和计划，几乎所有他认为重要的事情都一起商量一番，然后做出决定，由秘书具体操办。

赖福林的时间管理法，极大地提高了自己的工作效率，推动了企业整体绩效的提高。

由此我们可以看出，善于管理时间就是有计划地利用时间。

能不能管理时间，关键在于会不会制订完善的、合理的工作计划。

简单地说，工作计划就是为自己制定一个工作时间表，某年某月某日要做什么事；哪些事先做，哪些事后做，哪段时间内以哪些事为重点；安排哪些时间做什么事，等等。

真正会利用时间的人，不是把大量时间花在忙乱的工作中，而是事先拟订好计划，然后从容不迫地按照计划逐步执行。

大凡在事业上有所成就的人，都愿意花时间周密地考虑工作计划——确定完成工作目标的手段和方法，预定出完成目标的进程及步骤。不但在年初这样做，在动手做每件事时也要思考一番。大的工作项目有大的计划，中等程度的工作有中等程度的计划，小的工作则有小的计划。

总之，大事小事，都要事先周密考虑。一旦考虑出完整的计划，执行起来就会非常顺利。

表面看来，做计划和考虑问题的时间占用得多了；但实际上，从耗用时间的总量来计算，却节省了许多宝贵的时间，充分利用了时间。

一个善于管理自己时间的人，总是使用估计、分配与控制等方法，用排定事件先后次序、工作时间表以及分配任务等方式，根据事务的重要性，按先后顺序排列事务清单。

凡事都有轻重缓急，重要性最高的事情，不应该与重要性最低的事情混为一谈，应该优先处理。

著名的 80/20 定律告诉我们：应该用 80% 的时间做能带来最高回报的事情，而用 20% 的时间做其他事情。

将这个定律代入我们的整个人生中，对最有价值的事情投入最多的时间，就可以使自己避免陷入"瞎忙"的陷阱。

"分清轻重缓急，设计优先顺序"，这是管理时间的精髓。

区分事情的轻重缓急是时间管理最关键的技巧。许多人在处理日常事务时，不去考虑哪件事情更重要，哪件事情相对次要，眉毛胡子一把抓，结果往往是丢了西瓜捡芝麻，重要的事情没有做，反倒花费大量时间做了很多无关紧要的事情。虽然看似很忙，但是时间并没有被有效利用。

教你一个制订每日计划的方法。

每天晚上临睡前，想好第二天需要做哪些事情，按照轻重缓急一项一项列出来。先做最重要且紧急的事情，然后做不太重要但很紧急的事情，再做重要但不太紧急的事情，最后做不太重要也不太紧急的事情。

如果有临时增加的工作项目，就随时补充进去。

近年来比较流行的手账就是很好的时间管理工具，不仅可以列出当天有什么待办事项，而且可以提前将几天甚至几个月后某一天需要做的事项列进去。到了相应的日期，预定的计划一目了然，清晰而明确。

总之，不管用什么样的时间管理方法，选择一个你喜欢且适合的，坚持下去，很快就会看到成效。你会清楚地知道自己的每一分钟都花在了什么地方，都做了哪些有意义的事情，而不必再像过去一样苦苦追问"时间都去哪儿了"。

愿你不负时光，不负年华，野蛮生长，逆流而上，成就更美好的自己。

岁月有去无回，你要力争朝夕

当年看《中国好歌曲》，很喜欢金玟岐的《岁月神偷》。

"时间是让人猝不及防的东西，晴时有风阴有时雨，争不过朝夕，又念着往昔，偷走了青丝却留住一个你；岁月是一场有去无回的旅行，好的坏的都是风景……"

时间的流逝悄无声息又令人猝不及防，不知不觉已从青葱少年走向油腻或者不油腻的中年。你会不会也想问一句，那些被偷走的岁月，都去哪儿了呢？

时间管理学研究发现，人们的时间往往是被下述七大"岁月神偷"给偷走的：

一是找东西。根据对美国 200 家大公司职员所做的调查，公司职员每年都要把 6 周时间浪费在寻找乱放的东西上面。这意味着，他们每年要损失 10% 的时间。

对付这个"岁月神偷"，有一条最好的原则：将不用的东西扔掉，不扔掉的东西分门别类保管好。近些年十分火爆的日本杂物管理咨询师山下英子老师的《断舍离》就比较全面地讲解了物品管理的方法，值得一读。

二是懒惰。对付这个"岁月神偷"的办法是：使用日程安排簿；在自己家之外的地方工作；凡事及早开始。

三是时断时续。研究发现，造成人们浪费时间最多的是做事情时断时续的方式。因为重新开始做一件事情的时候，需要调整大脑活动及注意力，这样就在不知不觉间浪费了很多时间。

四是一个人包打天下。提高效率的最佳方式，莫过于获得其他人的协助。你把工作委托给其他人，授权他们去干好，这样每个人都是赢家。

我常常见到这种现象：越是能力强的人，越是喜欢凡事亲力亲为，因为别人都不如他自己做得好。但是，有句老话说得好：浑身是铁能打几根钉？即使把一个人的时间用尽，所创造的价值也是有限的。但是如果能调动很多人帮你一起做，效果就大不相同。

五是做事拖拖拉拉。这种人花许多时间思考要做的事，担心这个担心那个，找借口推迟行动，又为没有完成任务而悔恨。而他们原本可以利用这些磨蹭拖拉的时间来完成工作，甚至可以着手开展下一项工作了。

六是没有搞清楚问题就匆忙行动。这种人与拖拉作风正好相反，他们错就错在下手太快，还没有弄清楚需要解决的关键问题是什么，就匆忙开展行动，结果当然是不能达成既定目标。

这类人，需要做的是培养自己的耐心，不要过于急躁。一定要弄清楚问题，想明白解决办法以后再行动，不要操之过急。

七是消极情绪。消极情绪会使人失去干劲，工作效率下降。这就必须进行自我心理调适，培养积极心态。

岁月有去无回，浪费的时间不能重来，你必须改掉浪费时间的恶习，争取有效利用每一分每一秒的时间。

我有一些利用时间的小技巧，分享给你：

——做好协调，工作分流；

——因处理重要而耗时的事务而感到厌倦时，放松一下，处理一些简单的杂务，既可充分利用时间，又能转换心情；

——筛选你的朋友圈，减少不必要的对外应酬，推掉酒肉朋友的邀约，必须应酬时设法节省时间；

——充分运用上下班的搭车时间。

比尔·盖茨在和友人的一次交谈中说："不懂得如何去管理时间的商人，一定会面临被淘汰出局的危险。而如果你管住了时间，那么就意味着你管住了一切，管住了自己的未来。"

其实，何止商人需要管理自己的时间，我们人人都要念好时间管理这本"经"。唯有对时间进行科学管理，才能合理地运用有限的时间，以便更好地达到自己的目的。

惠普公司总裁普莱特就把自己的时间划分得很好。

他每天用20％的时间和客户沟通，用35％的时间开会，用10％的时间打电话，用5％的时间看公文。剩下来的时间，他花在一些和公司无直接关系，但间接对公司有利的活动上，例如业界共同开发技术的专题会议、总统召集的会议、贸易协商委员会的咨询会议等。当然，他每天也留一些时间来处理临时发生的事情。这是他与他的时间管理顾问仔细研究讨论后做出的最佳安排。

鲁迅先生曾经说："时间就像海绵里的水，只要你愿意挤，总还是有的。"的确，节约点滴时间，正是许多人成功的秘诀。

不积小流，无以成江海。当别人放任时间悄悄流逝的时候，勤奋的人却能将它们充分利用起来，充实和完善着自己。

拿破仑说，他之所以能打败奥地利人，是因为奥地利人不懂得5分钟的价值。但在滑铁卢一战中，**拿破仑**的失败也与他没有把握好时间有关。

"快！快！快！加快步伐！"这句警示人们的话常常出现在英国国王亨利八世统治时代的留言条上，旁边往往还附有一幅图画，上面是没有准时把信送到的信差在绞刑架上挣扎。当时还没有邮政事业，信件都是由信差发送的，如果在路上延误时间是要被处以绞刑的。可见当时的人们对于时间是多么重视。

人们常说"愿有岁月可回首"，岁月不可回头，仍可回首，希望当你回首往事的时候，不因虚度年华而悔恨，也不因碌碌无为而羞愧。

岁月有去无回，你要力争朝夕，在时光的滚滚洪流中淘洗出更美好的自己。

有效利用你的碎片时间

所谓碎片时间，是指不连续的时间，或一个事务与另一个事务衔接时的空余时间。这样的时间往往被人们毫不在乎地忽略过去。

在我们的生活中，这样的碎片时间是非常多的。两节课中间的休息时间、上下班途中在公交车与地铁上的时间、午餐前后的时间、晚上睡觉前的时间……

虽然碎片时间很多，但是并不适宜做很多事情，因为那样不利于系统有效地安排与管理。我的经验是，在一段时期内，只利用碎片时间做一件事情。因为这样可以集中精力，不用在每一段碎片时间开始时去考虑应该做点什么。

你可以带一本书在身上，有空余时间就读一点，利用碎片时间一个星期就能读完一本书。

你也可以下载需要学习的音频课程在手机里，走路的时候、坐车的时候、做家务的时候，都可以戴着耳机听，不知不觉，一套课程也就听完了。

养成这样的习惯，日积月累，收益将是非常大的。而且并不会觉得很辛苦，因为你休息的时间并没有减少。

我从 2019 年年初开始准备一项考试，但是平时工作很忙，没有大段的时间可以用来看书复习。于是我把书带在身上，每天看一章，两个星期复习完一本书。然后每天带一套模拟试卷，又用了两个星期做完了这个科目的所有习题。第二个月换下一个科目。就这样，用了不到半年的时间，我复习完需要考的所有科目，在 2019 年 10 月顺利通过了考试。

那几个月，我如常工作休息，并没有花费大段的时间与太多的精力去备考。

美国著名管理学大师史蒂芬·柯维指出，碎片时间虽短，但倘若一日、一月、一年地不断积累起来，其总和将是相当可观的。凡是在事业上有所成就的人，几乎都是能有效地利用碎片时间的人。

伟大的生物学家达尔文也曾说："我从来不认为半小时是微不足道的一段时间。"

诺贝尔奖获得者雷曼的体会更加具体，他说："每天不浪费或不虚度或不抛弃剩余的那一点时间。即使只有五六分钟，如果利用起来，也一样可以有很大的成就。"

有效利用碎片时间是非常重要的。每一天的碎片时间都很多，如果不好好规划利用，就会白白浪费掉。每天浪费一点时间，日积月累，也将是十分庞大的数字。

倘若用这些碎片时间做些有益的事情，就会在不知不觉间收获意外惊喜。

有很多人不屑于利用碎片时间，在他们看来，那些争分夺秒读书工作的人更像是在作秀，因为他们认为那几分钟、十几分钟的时间是做不了什么事情的。

他们在这些碎片时间中，美滋滋地拿着分期付款买的iPhone X，刷刷微博，看看朋友圈，刷刷抖音，点几个赞，再评论几条，于是半小时、一小时的时间就这样过去了。如果是用晚上睡觉前的时间做这些事就更可怕了，因为他们会一直刷下去，刷下去，刷下去……不知不觉，天亮了。

一天两天不觉得怎样，一个月两个月呢？一年两年呢？十年八年呢？

你会逐渐发现，认真利用碎片时间的人，读了很多的书，学习了很多的知识，学历提升了，能力增强了，职位提升了，薪水增加了，走上人生巅峰了。

　　而将碎片时间都用来玩手机的人呢？十年以后，依然拿着 iPhone X 刷微博、刷朋友圈、刷抖音。

　　是的，十年以后，依然拿着 iPhone X。

　　因为他们的能力水平没有提升，依然赚着与初入职场时相差无几的工资；人到中年，还要养家糊口，哪来的钱买新手机？

　　所以，你认为那分分秒秒的碎片时间重要吗？

　　对于每个成功的人来说，时间管理都是十分重要的一环。

　　时间是最宝贵的财富，每一分每一秒逝去就永不再来。所以，你准备如何利用自己的时间呢？

　　我们不妨先读一则故事：

　　　　瓦尔达特曾经是美国近代诗人、小说家爱斯金的钢琴教师。

　　　　有一天，他给爱斯金上课的时候，忽然问道："你每天要花多少时间练习钢琴？"

　　　　爱斯金说："每天三四小时。"

　　　　"你每次练习，时间都很长吗？是不是有个把钟头的时间？"

　　　　"我想这样才好。"

　　　　"不，不要这样！"瓦尔达特说，"你长大以后，每天不会有很长的空闲时间。你可以养成这样的习惯，一有空闲时间就坐下来练琴，哪怕只是几分钟。比如：在你早晨上学之前，或者在午饭以后，或者在工作的休息间隙，5 分钟、5 分钟地去练习。把小的练习时间分散在一天里面，这样坚持下去，弹钢琴就会变成你日常生活的一部分。"

14岁的爱斯金对瓦尔达特的忠告未加注意，但后来回想起来真是至理名言。

当爱斯金在大学教书的时候，他想兼职从事创作。可是，上课、看孩子、开会等事情把他白天和晚上的时间全部占满了。差不多有两三个年头，他一个字都不曾写过，他的理由是"没有时间"。

后来，他突然想起了瓦尔达特告诉他的话。到了下一个星期，他就按瓦尔达特的话实践起来。只要有5分钟左右的空闲时间，他就坐下来写作，哪怕每次只写100个字或是短短的几行。

出乎意料的是，在那个周末，爱斯金竟然写出了相当多的稿子。

后来，他同样利用每天的碎片时间创作了长篇小说。同时，他还练习钢琴。他发现，每天零零碎碎的空余时间，足够他从事写作与弹琴两项活动。

时间是我们每个人一生中最重要同时也最有限的资源。这不禁让我想到了19世纪初美国西部的淘金者，他们将泥沙中的点点碎金屑小心翼翼地淘洗出来，汇集在一起，凝结成价值不菲的金块与金条。

我们生活中的碎片时间，不也正像这点点金屑吗？看似微不足道，累积起来却是巨大的财富。

每个人每天的时间都是一样多的，一样要学习、工作、吃饭、睡觉，之所以有人年少有为，有的人一事无成，就在于他们利用碎片时间的方式不同。

　　你怎样利用碎片时间，就会收获怎样的结果。正如那句网络流行语：你怎样过一天，你就怎样过一生。同样，你怎样利用你的碎片时间，就会成就怎样的人生。

　　你必须从现在开始，认真对待你的碎片时间，不虚度一分一秒，去读书，去工作，去增长见闻，去强健体魄，成就一个更美好的自己。

第四章
学海无涯，你要激流勇进

我们从一出生就开始了学习，学吃饭，学说话，学走路；后来我们又读小学，读中学，读大学；再后来我们又走进社会这所大学校，学做人，学做事……

人就是在不断学习中慢慢变得更好。

这个世界正在惩罚不学习的人。不学习，你就没有广阔的视野了解世界的变化；不学习，你就没有足够的知识应对世界的变化；不学习，你就会故步自封，断了自己前进的道路。

学海无涯，你要激流勇进，才能不负此生。

你不学习，所以你不优秀

一个人如果想要不断进步，不在将来被淘汰，那么就一定要养成将目光放长远，为将来而学习的好习惯。

学习机会是广泛的，包括你在生活中的每一步都有可学的东西。所以一个人要想学有所成，就一定要抓紧一切可以利用的时间进行学习。

英国著名生物学家达尔文每次外出考察的时候总是将书的几页撕下来放在大衣口袋里，即便是刚买来的新书也不例外。有人问他为什么不爱惜书，他说我之所以撕下来放在口袋里，是因为我在外考察的时候携带书籍不方便，但是又有一些随时可以利用来学习的空闲时间。

达尔文就是因为如此好学，能够充分利用时间进行学习，才为日后取得巨大的成就奠定了基础。

知识能使人富有。现代社会，每个人都面临着不同的压力，属于自己的时间、空间被压缩得很小。但时间是挤出来的，每天只拿出十分钟的时间读书，应该不是什么难事。每天坚持做下去，你将会受益无穷。一个人储蓄知识越多，人生才越充实。因此，零星的努力、细小的进步，日积月累，都是巨大的精神财富。

抓紧一切时间，利用每一分钟，及时地学习是非常必要而且有效的。在我们的生活中，有太多的零碎时间被浪费了，如果一个人能够每天都好好地利用自己的时间，那么就一定会取得很大的成就。

人生来就要学习，哪怕最简单的一个动作都得靠学，否则就会无法生存下去。因此，养成学习的习惯是适应这个社会的最基本的生存之道。

很久以前，有弟兄两人，各自置办了一些货物，出门去做买卖。他们来到一个国家，这个国家的人都不穿衣服，被称作"裸人国"。

弟弟说："这儿与我国的风俗习惯完全不同，要想在这儿做好买卖，实在不易啊！不过俗话说：入乡随俗。只要我们小心谨慎，讲话谦虚，照着他们的风俗习惯办事，想必问题不大。"

哥哥却说："无论到什么地方，礼义不可不讲，德行不可不求。难道我们也光着身子与他们往来吗？这可太伤风败俗了。"

弟弟说："古代不少贤人，虽然形体上有变化，但行为却十分正直。所谓'殒身不殒行'。这也是戒律所允许的。"

于是，弟弟先进入裸人国。过了十来天，弟弟派人来告诉哥哥，一定得按当地风俗习惯，才办得成事。哥哥生气了，回话说："不做人，要照着畜生的样子行事，这难道是君子应该做的吗？我绝不能像弟弟那样做。"

裸人国的风俗，每月初一、十五的晚上，大家用麻油擦头，用白土在身上画上各种图案，戴上各种装饰品，敲击着石头，男男女女手拉着手，唱歌跳舞。弟弟也学着他们的样子，与他们一起欢歌曼舞。裸人国的人们无论是国王，还是普通百姓都十分喜欢弟弟。国王把弟弟带去的货物全都买下来了，付给他十倍的价钱。

而哥哥来了之后，满口仁义道德，指责裸人国的人这也不对，那也不好。引起国王及人民的愤怒，大家抓住了他，狠揍了一顿，全部财物都被抢走了。全亏了弟弟说情，才把他救了出来。

有什么样的环境，做出什么样的选择，自然就会有不一样的结果。学习也是一样，只有因地制宜，你的学习才是最适合你自己的，也是最成功的。

不懂的就要学，只有学了才会懂，也只有懂了才会用，用过后，你才会适应。

世界建筑大师格罗斯设计的迪士尼乐园马上就要对外开放了，然而各景点之间的路该怎样连接还没有具体方案。格罗塔斯心里十分焦躁。巴黎的庆典一结束，他就让司机驾车带他去地中海海滨。

汽车在法国南部的乡间公路上奔驰，这里漫山遍野都是当地农民的葡萄园。当车子拐入一个小山谷时，他发现那儿停着许多车子。

原来这是一个无人看守的葡萄园。你只要在路边的箱子里投入 5 法郎，就可以摘一篮葡萄上路。

据说，这是当地一位老太太的葡萄园，她因无力料理而想出这个办法。但是，在这绵延上百里的葡萄产区，总是她的葡萄最先卖完。

大师深受启发，回到住地，他给施工部拍了一份电报："撒上草种，提前开放。"

迪士尼乐园提前开放的半年里，草地被踩出了许多条小道，这些踩出来的小道有宽有窄，优雅自然。

第二年，格罗塔斯让人按这些踩出来的痕迹铺设了道路。

1971 年，在伦敦国际园林建筑艺术研讨会上，迪士尼乐园的路径设计被评为世界最佳设计。

许多人终其一生保持平庸，抱怨薪水太低、运气不好、怀才不遇，却没有意识到，导致这种局面的原因，正是自己不懂得学习与自我提升。

国际联邦快递公司 FedEx 的台湾分部总经理陈信孝说："在FedEx，我们强调每一个人的学习与成长，所以每一位员工每年都有 2500 美元的助学金，等于一位员工每一年都有 8 万多元台币能自行运用，可以学计算机、英文、管理课程、日文等，只要是主管认为对于职务或是未来职业生涯规划有利的课，都可以去上。我们认为公司整体的竞争力来源于人，公司的员工如果可以不断地成长，那么公司也能不断地成长。"

公司如此，个人也是如此。

面对成功者，除了"酸"你还能做点什么

在如今这个瞬息万变的时代，我们见惯了太多的成功与失败，有人买比特币一夜暴富，也有人做 P2P 倾家荡产。

眼见着别人抓住机遇从一文不名的小卒摇身一变成为财阀巨鳄，有多少人抵不住牙缝涌出的酸水，化身"柠檬精"，嘲讽人家成功不过是运气好；又有多少人肯虚心求教，学习人家成功的方法与经验？

这个世界并不缺少"柠檬精"，有太多太多的人只会对别人的成功表示羡慕嫉妒恨，却完全不考虑取人之长补己之短，他们甚至不知道自己短在何处，也不想知道如何才能像别人一样取得成功。在他们看来，一切人的成功都可以解释为三个字——运气好。

正是这些人，构成了芸芸众生，构成了这个世界中最平凡最普通的那一部分。

不要成为这样的人。面对成功者，你要多想一想，除了"酸"，你还应该做点什么。

你应该学习别人成功的经验，看看人家为什么会成功，有哪些超乎常人的知识、技能、方法或手段；看看人家是怎么把握机遇甚

至创造机遇的；看看人家经历了哪些常人未曾经历的挫折困苦和磨难，战胜了哪些艰难险阻；更要学习别人获取成功的方法。

你我都是再普通不过的人，你要相信，你没有十分过人的智慧与才华，没有傲人的家世与背景，更没有神秘的主角光环。

要想成功，你就必须不断努力，多向成功者学习。

听朋友讲过一个故事，故事的主人公李萌与我的朋友是同乡。

2014 年 7 月，李萌以 6 分之差被梦寐以求的大学拒之门外。她家的经济条件并不好，是没有可能供她复读一年的。

她失落过，也痛苦过。但日子依然要过，她不得不打起精神应对生活。

一次浏览网页，李萌无意中看到一则新闻：密山县一农民靠种葡萄发家，年收入达三四十万元，并带领家乡人民脱贫致富。

这则并不火爆的新闻却在她的心里掀起了轩然大波，她立刻想道：能否借鉴密山县农民的经验，在自己家的房前屋后种植葡萄。如果种葡萄能赚到钱，她不仅可以改善家里的经济条件，说不定还有机会复读一年，再战高考。

她把这个想法告诉父母，却遭到了父母的强烈反对。在父母看来，她根本没有种植经验，成功的可能性微乎其微，有这时间和精力不如出去打工。

但她依然坚持自己的想法，揣着仅有的几百元钱，登上了去往密山的列车。

在密山，她找到了新闻中报道的农民，虚心学习葡萄栽培技术和病虫害防治技术，并买回了40棵葡萄苗。

种植的过程并没有她想象中顺利，但她并没有气馁，遇到问题多方求教，总算在第一年种出了品质优良的葡萄。

葡萄种出来了，销路却成了问题。全乡只有她一户种葡萄，不成规模，自然没有批发商过来大批收购。而且这里地处偏远，每日把葡萄挑到城里贩卖也是不现实的，人力可以带出去的量少不说，卖葡萄的钱可能还不够路费。

一个偶然的机会，她看到有农民在淘宝开店卖水果，生意火爆。她灵光一现：自己种的葡萄，可不可以也放到网上去卖呢？

她立刻着手办理开网店的事宜，很快，一个专营葡萄的水果店铺就在淘宝开张了。

后来，她又尝试了在抖音卖货，在小红书卖货，等等。

她通过各种渠道，将收获的葡萄全部卖掉。那一年，她卖葡萄总共赚了3万元钱。

此时，家乡的村民见她种葡萄赚到了钱，纷纷过来"取经"。她想到密山县那位种植葡萄的农民，想到他带领乡亲一起致富的事迹，不禁心生感动，决定要向他学习，帮助家乡的人民脱贫致富。

她萌生了培育葡萄苗的想法，于是立刻赶往东北林业大学开始学习培育葡萄苗的技术。第二年，她将培育出的优质葡萄苗，以极其低廉的价格卖给同乡村民。

就这样，当地的葡萄种植产业开始向规模化、集约化方向发展。在葡萄成熟之前，已经有市区的批发商过来订货。

那一年，全村人都品尝到了葡萄丰收的喜悦。

2016年春，在她的软磨硬泡和镇妇联的协调下，镇政府将原来砖厂取土的 80 亩坑坑洼洼、土壤严重板结，还堆满砖头瓦块的废弃地批给了她。

为了不延误栽植时间，她雇了几个工人。为了节省下一个雇工的开销，她每天都和民工一起在地里摸爬滚打。

就这样，80 亩土地被一块一块地栽种上葡萄秧，她又在行间套种上了各种蔬菜，俨然已经发展为一个中等规模果蔬基地。

这时，李萌意识到：从庭院走向田野只是迈出了走向富裕的一步，只有走园艺栽培和精细农业的路子，才可能拥有更大的发展。

为此，李萌走进了东北农业大学、黑龙江省园艺研究所学习进修，并与北京良种工程研究所等 8 家科研单位建立了业务联系。

通过学习，她不仅掌握了农业基础知识，还学会了苗木繁育、嫁接、栽培等系列技术。她要营造一个平台，一个改变农民意识的平台，她要让农民们相信，土地里一样蕴藏着丰富的金子，你只要通过不断学习，丰富自己的知识，你就会挖掘出土地里深埋的金子。

每一个人的成功都不是偶然事件，你要从别人的成功中挖掘出可以学习的东西，应用到自己的实践中去。

面对成功者，除了"酸"，你还有很多事情可以做。当你把学习与实践都做好，你也会是下一个成功者。

要花点时间去学习别人的失败经验

要花时间去学习别人失败的经验——这是马云在一次演讲中告诉我们的。

爱迪生也说过："失败也是我需要的，它和成功对我一样有价值。"

你有没有想过，当几乎所有人都在向往成功，渴望学习成功经验的时候，为什么这些大众眼中的成功者，反倒会告诉我们学习失败的经验有多么重要？

每个人都向往成功，这个世界上也并不缺少成功者。但是，这些成功者都有一个共同的特点，就是在他们成功之前，都曾经历过不止一次的失败。也正是这些失败，让他们积累经验，为他们奠定成功的基石，使他们一步一步走上成功的金字塔尖。

没有创办翻译社失败的经验，就没有马云阿里巴巴的成功。

没有三千次试验失败的经验，就没有爱迪生的灯泡照亮全世界。

没有兵败吴国的经验，就没有勾践卧薪尝胆三千越甲可吞吴的豪迈。

没有一次又一次竞选失败的经验，就没有林肯当选美国总统解放黑奴的伟大功绩。

正是从失败的经验中，他们得到了教训，清楚了自己的不足，改正了自己的错误，在下一次做到更好。而后再失败，再改正，一次一次完善自己。

改正了所有不足之日，也就是成功降临之时。

多了解别人失败的经验，可以让你少走很多弯路，避开很多陷阱和雷区。

李彦宏就是很善于从别人的失败中学习。1997年，李彦宏前往硅谷著名搜索引擎公司搜信（Infoseek）公司。

在硅谷，李彦宏亲见了搜信在股市上的无限风光以及后来的惨淡。

次年，李彦宏在自己撰写的《硅谷商战》中分析总结道："技术本身不是唯一的决定性因素，商战策略才是决胜千里的关键；要允许失败，让好主意有条件孵化；要容忍有创造性的混乱；要有福同享……"这些硅谷商战经验，后来被他得心应手地运用到了百度的创业中。

正是因为善于从别人的失败中学习经验，让李彦宏创造出今天的百度王国。

美国戴尔公司董事会主席麦克·戴尔说："我们一向把错误当成学习的机会，重点是要从所犯的错误中好好学习，才能避免重蹈覆辙。"

普通人只会从自己的失败中获得教训，而聪明的人还会从别人的失败中学习经验。

了解别人失败后的痛苦，可以让你更谨慎地行事，让你懂得做事要多加思量，不要盲目冲动。任何一个看似不经意的行为，都可能导致计划的全盘失败。

正如蝴蝶效应告诉我们的：一只南美洲亚马孙河流域热带雨林中的蝴蝶，偶尔扇动几下翅膀，可以在两周以后引起美国得克萨斯州的一场龙卷风。

同样，你的一项小小的错误决策，也有可能导致一场严重的失败。

你要学会谨慎处事，考虑周全，凡事不要盲目，更忌冲动。

除此之外，你还要观察别人面对失败的态度。

有的人失败以后一蹶不振，陷入悔恨与懊恼中不能自拔，往后的人生再没有起色；有的人失败以后总结经验，吸取教训，展开下一轮冲锋。

哪一种心态是你应该避免的，哪一种心态是你应该学习的，一目了然，不言而喻。

你更要学习别人失败以后走出困境的方法，看他是怎样弥补自身的不足，改正自己的缺点；看他是如何争取下一次机会，如何取得最终的胜利。

花时间学习别人失败的经验，可以让你在前进的路上避免掉坑，避免踩雷。

花时间学习别人失败的经验，可以让你体验失败的痛苦，从而谨慎行事。

花时间学习别人失败的经验，可以让你观察别人失败的经验，懂得该怎样面对人生中的种种不幸。

花时间学习别人失败的经验，可以让你了解别人应对失败的方法，关键时刻为自己所用。

花时间学习别人失败的经验，可以让你未来的人生之路走得更加顺遂，减少不必要的困苦和波折，更快更顺利地抵达你向往的远方，遇见更美好的自己。

人缺的不是运气，是终身学习的志气

多年前，朋友所在的文化公司招聘来一个小姑娘，大学刚毕业，汉语言文学专业，来公司做文字编辑，工作内容就是帮作者修改稿件，使之符合出版规范。

入职后不久，她就在业余时间报名了英语培训班。

有些同事知道后，会酸不啦唧地说："上学时不好好学习，现在又来学英文还有什么用，我们又不看英文稿。"

朋友跟我说，那个小姑娘没有理会那些闲言碎语，继续按部就班地学着英文；同时也暗暗留心其他的出版流程，渐渐地，对于选题策划、设计装帧，甚至选纸印刷都能提出自己的见解，已经远远超出了她所从事的文字编辑的岗位技能要求。

两年以后，引进国外图书版权开始大热。一个偶然的机会，国内某一流图书公司招聘英文水平好的编辑，她过五关斩六将最终应聘成功，果断跳槽，薪资比以前翻了四倍。

而之前嘲笑过她的人，再次化身柠檬精，"酸"她运气太好。

记得蔡康永说过这样一句话："15岁觉得游泳难，放弃游泳，到 18 岁遇到一个你喜欢的人约你去游泳，你只好说'我不会耶'。18 岁觉得英文难，放弃英文，28 岁出现一个很棒但要会英文的工作，你只好说'我不会耶'。人生前期越嫌麻烦，越懒得学，后来就越可能错过让你动心的人和事，错过新风景。"

世界变化如此之快，没有人可以预知明天将有什么样的机遇出现在我们的生命中，只有不断学习，你才能在机遇来临之时，大大方方地说一句："我已经准备好了。"

在不断变化着的时代，只有懂得终身学习的人，才能永立潮头，不被淘汰。

拉里·埃里森是全球第二大软件制造商甲骨文公司创始人、总裁兼 CEO，曾被《财富》杂志列为世界上第五富的人。

甲骨文公司是世界上最大的数据库软件公司。当你从自动提款机上取钱，或者在航空公司预订航班，或者将家中电视连上 Internet 网，你就在和甲骨文公司打交道。

埃里森是典型的气势凌人的技术狂人，个性张扬，硅谷流传着这么一个笑话：上帝和拉里·埃里森有什么区别？——上帝不认为自己是拉里·埃里森。

狂傲专横就是他的公众形象，他的财产堪与比尔·盖茨相匹敌，对竞争对手毫不留情。

不可否认，这个备受争议的人物却是一个天才，在短短 26 年的时间里，就把一个软件公司发展成世界第二大软件制造商。

是什么使他在信息时代笑傲江湖呢？

学习，是持续不断地学习，使这个集众多非议于一身的"坏家伙"，始终走在信息时代的最前沿。

1944 年，埃里森出生在纽约的曼哈顿，由舅舅一家抚养，在芝加哥犹太区中下阶层长大。

埃里森小时候并没有表现出超出同龄人的天赋，在学校时，他成绩平平，非常孤独，喜欢独来独往，唯一感兴趣的就是计算机。

1962 年，埃里森高中毕业，他先后进入芝加哥大学、伊利诺伊大学和西北大学学习，虽然经历了 3 个大学，最终却没有得到任何大学文凭。

关于学位，埃里森认为："大学学位是有用的，我想每个人都应该去获得一个或者更多，但我在大学没有得到学位，我从来没有上过一堂计算机课，但我却成了程序员。我完全是从书本上自学编程的。"

埃里森曾经对前来应聘的大学毕业生说："你的文凭代表你受教育的程度，它的价值会体现在你的底薪上，但有效期只有 3 个月。要想在我这里干下去，就必须知道你该继续学些什么东西。如果不知道学些什么新东西，你的文凭在我这里就会失效。"

正是乐于学习、终身学习的态度，成就了埃里森的事业，也成就了他的整个人生。

反观那些取得了一点点成绩就忘乎所以，觉得自己可以躺在功劳簿上吃老本的人，最终的结局往往不会很好。

在我国古代的金溪县有个人叫方仲永，当他 5 岁时，就能写诗作赋。人们指着什么事物叫他作诗，他都能当即写成，被认为是神童。

于是，就有人请他父亲带方仲永去做客，并即席作诗，有的人还赠些银两。

他父亲心中窃喜，就天天拉着他去拜访各路人，不让他学习。

在他 13 岁的时候，他写出来的诗已不能和以前的名声相称了。又过了七年，他已经默默无闻，和一般人一样了。

一个人，不论你先天资质多么好，后天学历多么高，都不能失去继续学习的信念。

社会不断发展，知识不断更新，一旦停止学习，也就意味着你会逐渐跟不上时代的脚步。

《抱朴子》中曾这样说："周公这样至高无上的圣人，每天仍坚持读书百篇；孔子这样的天才，读书读到'韦编三绝'；墨翟这样的大贤，出行时装载着成车的书；董仲舒名扬当世，仍闭门读书，三年不往园子里望一眼；倪宽带经耕耘，一边种田，一边读书；黄霸在狱中还从夏侯胜学习，宁越日夜勤读以求十五年完成他人三十年的学业……详读六经，研究百世，才知道没有知识是很可怜的。不学习而想求知，正如想求鱼而无网，心虽想而做不到。"

有一位曾在日本政界商界都显赫的人物，叫系山英太郎。他在 30 岁时即拥有了几十亿美元的资产；32 岁成为日本历史上最年轻的参议员。他的成功有什么秘诀吗？——还是终身学习。

系山英太郎一直信奉"终身学习"的信念，碰到不懂的事情总是拼命去寻求解答。通过推销外国汽车，他领悟到销售的技巧；通过研究金融知识，他懂得如何利用银行和股市让大量的金钱流入自己的腰包……即使后来年龄渐长，系山英太郎仍不甘心被时代淘汰。他又开始学习电脑，不久就成立了自己的网络公司，发表了他个人对时事问题的看法。即使已是老迈之年，系山英太郎依然勇于挑战新的事物，热心了解未知的领域。

只有不断学习，终身学习，才能成就更好的自己。

学了知识不会用，也就代表你没用

你的周围有没有这样的人：

英语笔试得高分，却跟老外聊不上 5 分钟；画得了电路图，却不会换厨房的灯泡；学会了高数微积分，却算不清楚买菜时十块八块的账；教育理论张口就来，却管不了自己家的熊孩子；懂得了很多道理，却依然过不好这一生……

我们在学校学习了很多知识，走上社会后却发现无处可用。而找了专业对口的工作后却发现自己一脸"蒙圈"完全是个门外汉。

学了知识不会用，跟没学一样。

著名学者吉米洛恩说过："世界上有两种人，他们都在同一本书上读到吃苹果有益于健康的知识，其中一个说：'我又学到了知识'，另一个二话不说，直接走到水果摊前买了几斤苹果。"

吉米洛恩认为，买苹果的人才是真正的聪明人，因为他们能够学以致用。而那些"学到了新知识"却不懂得运用的人，充其量只是一个"书呆子"。

知识只有在运用时才能产生力量。一个人不能为了学习而学习。

培根在提出"知识就是力量"的口号以后，又做了补充，他说："学问并不是各种知识本身，如何应用这些知识才是学问以外的、学问以上的一种智慧。"

这也就是说，有了知识，并不等于有了相应的能力，运用与知识之间还有一个转化过程，即学以致用的过程。

如果你有很多的知识却不知如何加以应用，那么你拥有的知识再多也是死知识。

鲁迅说："用自己的眼睛去读世间这一部活书"，"倘只看书，便变成书橱，即使自己觉得有趣，而那趣味其实是已在逐渐硬化，逐渐死去了"。

死的知识不但对人无益，不能解决实际问题，还可能出现害处。就像古时候纸上谈兵的赵括无法避免失败一样。因此，我们在学习知识时，不但要让自己成为知识的仓库，还要让自己成为知识的熔炉，把所学知识在熔炉中熔化并炼成钢。

姚明是一个非常爱学习的人，而且他总能把学到的东西应用到实践中去，这促进了他的成长。

通过读历史书，姚明喜欢上了诸葛亮这个人物。他说："从诸葛亮身上，我们能学到他解决问题的信条。他是一个非常有智慧的人。他能运用一切可以支配的资源：所有的士兵、军官和将军，找到一种方法让他们百分之百地发挥。"

这种思维方式在姚明来到 NBA 后对他很有帮助。姚明必须使出自己所有的一切。身体上，姚明处于劣势，虽然他很高，但并不是很壮。别人很容易把他从篮下推开，而他推别人却没那么容易。

诸葛亮也是如此，他率领的军队也并不强大，但却能运用头脑击败更强大的敌人。正是在这个启发下，姚明找到了自己在 NBA 的强项，并尽力发挥出来。

"即使对手有许多强项，球队也只能有一个目标，就是把球投进篮圈里。"这是姚明通过学习诸葛亮总结出来的。

姚明还从金庸的小说《笑傲江湖》中学到了不少东西。

"我很喜欢书中人物的处世方式。他们行事非常有原则，知道自己在什么情况下该做什么，不该做什么。而且，他们都很放松，即便是在临死的时候也很放松。我也希望当自己身处困境时，也能像书中人物那样放松。"

不仅如此，姚明还将书中不同门派之间的过招运用到了篮球运动中。"打斗时，如果一方想打另一方的脸，开始时会握紧拳头，在另一方的面前高高举起。但是，如果什么动作都不做，对方就猜不出自己要打击的部位了。"

在篮球运动中也一样，要学会假动作、虚晃，要迷惑对方，好在传球或投篮的时候避开对方的防守。

正是这种活学活用、学以致用的精神，让姚明一步步成长，奠定了他在 NBA 的重要地位。

学习并不仅仅是积累知识，还要以本身所学为基础，再发挥创造出新的东西。学习不是知识的简单复制存储，而是要让知识在实践中发挥它的作用。正是对知识的灵活运用，让这个世界变得越来越美好。

如果学习到的知识不能够加以有效运用，那么即使你学富五车，也不会成为一个对社会有用的人。

如果你空有一肚子学问，却不能为社会发展做出一点点贡献，那么你学习的意义何在呢？

你要用所学的知识，推动人类文明的进步，这才是一个文人的风骨，才是一个读书人的铁肩担道义。

学了知识不会用，也就代表你没。你来世间走一趟，不要做一个没有知识的人。

第五章
找到解决问题的方法

我们的生活中每天都会面临大大小小的问题，就像打游戏做任务一样，当你降临新手村的时候就要着手解决问题，解决的问题多了，你的能力增强了，就可以走出新手村，去更大的世界闯荡。然后继续解决更难的问题，一步一步升级。当你打败了终极大 BOSS，你就成了这个世界最强者中的一个。

人类社会不也是如此吗？问题很多，但解决的方法要更多。

只要方法选对了，没有解决不了的问题。

找一百个借口，不如找一个方法

在这个世界上，最容易做的事，大概就是找借口了：

我个子太矮，所以没有女孩子喜欢；

我没有本钱，所以赚不到大钱；

我没有靠山，所以升迁不上去；

我学历太低，所以找不到工作……

实在没有借口，我们甚至还能说：我命不好。

生活中，总有不少人把看不见摸不着的命运拿来作为自己"没有办法"的借口。

所有的问题，无论是大是小，都可以毫不费力地找个借口，然后轻描淡写地把它"扔"掉。于是，我们可以心安理得，可以安于现状，可以为自己开脱。

就像狐狸吃不着葡萄，它就找出一个美丽的借口——葡萄是酸的，非常轻易地把问题给"解决"了。然而，借口好找，存在的问题却始终还在。

很多人都讥笑狐狸可怜，但他们自己其实也在有意无意中扮演着一只找借口的狐狸。

我的朋友老张跟我讲过一段他的亲身经历：

老张是一家出版社的发行员，有一年年底之前，发行部又开始为回款问题而忙碌。

在老张负责的区域里，有一家民营书店经营不善，有倒闭的迹象。

老张对这家书店采取断货措施已经有半年多的时间了，其间一直不停地追款，总算将 20 多万书款中的 10 余万追回。最后几经艰难的围追堵截，书店老板终于又开出了一张 10 万元的现金支票。

老张高高兴兴地拿着支票到银行取钱，结果却被告知，账上只有 99960 元。

老张连忙打书店老板的手机，老板不接；发信息，也不见回复。看来是中了书店老板的招，书店老板欲用空头支票将货款继续拖欠。

开空头支票是要被银行罚款的，一般是票面金额的 5%；屡次签发空头支票的人，银行还会停止其签发支票的权利。所以正规的商家一般是不会这么做的。

第二天就要放春节长假了，老张如果再不及时拿到钱，来年的回款情况就更加难以预料了。如果书店真的关张，这货款要回笼将是非常难的。怎么办？

老张坐在银行的座椅上仔细想了一会儿，打了一个电话给发行部经理，先汇报了事情的经过，然后要求经理想办法找个名目立刻汇款 50 元到书店老板开出支票的账号上，以凑齐 10 万元，以便自己取出。

很快，经理就将事情办妥。老张手里的 10 万元现金支票终于得以兑现。

老张在现金到手后，发了一个简短的信息给书店老板。大意是：您的账上现金不够，我一直联系不上您，为了避免您被银行罚款，我想办法帮您凑齐了尾款。再就是感谢与祝福之类的话。总之，这件事情做得两面光。

很少有问题能够自行消失的，遇到问题就逃避的人，如同鸵鸟将头埋在沙子中一样愚蠢。而且，问题在很多时候还会因为不处理而继续恶化。

老张经历的这件事情，告诉我们一个道理：遇到事情，先想想用什么办法解决。

在问题面前，我们不要总是找借口，要积极地想办法。要做问题的杀手，否则问题就会成为灭掉你的杀手。

问题并不可怕，一个真正自信、想提升自己的人，不仅不会躲避问题，而且还会欢迎问题的出现，挑战问题，解决问题。其实人的一生就是一个不断地解决问题的过程。在这个过程中，我们将一个一个问题踩在脚下，逐渐垒高了自己。

我还听过这样一个故事：

　　刚毕业的女大学生菲娜到一家公司应聘财务会计工作，面试时即遭到拒绝，因为她太年轻，公司需要的是有丰富工作经验的资深会计人员。菲娜没有气馁，她一再请求主考官说："请再给我一次机会，让我参加完笔试。"主考官拗不过她，答应了她的请求。结果，她通过了笔试，由人事部经理亲自复试。

　　人事部经理对菲娜颇有好感，因她的笔试成绩很好。不过，菲娜的话让经理有些失望，菲娜说自己没有工作过，唯一的经验只是在学校掌管过学生会的财务。他们不愿找一个没有工作经验的人做财务会计。人事部经理只好敷衍道："今天就到这里，如果录用你，我会打电话通知你。"

　　菲娜从座位上站起来，向人事部经理点点头，从口袋里掏出一个一元的硬币双手递给人事部经理："不管是否录取，请都给我打个电话。"

　　人事部经理从未见过这种情况，竟一下子呆住了。不过他很快回过神来，问："你怎么知道我不会给没有被录用的人打电话？"

　　"您刚才说如果录用我就打电话，那言下之意就是没有录取就不打了。"

　　人事部经理对年轻的菲娜产生了浓厚的兴趣，问："如果你没被录用，你想从我的电话中知道些什么呢？"

　　"请告诉我，我在哪方面不够好，不能达到你们的要求，我好在下一次应聘时加以改进。"

　　"那么这1元是……"

　　没等人事部经理说完，菲娜微笑着解释道："给没有被录用的人打电话不属于公司的正常开支，所以由我付电话费，请您一定打。"

人事部经理马上微笑着说："这个硬币还给你，我不会打电话给你，我现在就正式通知你：你被录用了。"

菲娜在求职过程中，一个几乎无解的问题一再拦住她，她有很多借口让自己退出来。但她没有，她不找借口，而是找解决问题的方法。可以这样说：一个人解决问题的水平有多高，他的生存能力就有多强！

查尔斯·克德林是美国著名的工程师和发明家。他在通用汽车公司实验室的墙上挂了一块牌子，上面写着："别把你的成功带给我，因为它会使我软弱；请把你没有解决的问题交给我，因为这样才能增强我。"

遇到问题时，找一个借口，就给了自己一个貌似体面的退路，但是总有一天你会无路可退；而找到一个解决问题的方法，就是将你成功路上的绊脚石击碎一块，只有将路上的重重阻碍全部踏平，你才能走得更高更远。

好走的路最拥挤，不妨另辟蹊径

我曾经在一个距离住所很远的公司上班，开车要一个多小时，遇到堵车时间还要更久。好在道路平坦，也少有弯道，对于车技不太好的我来说也还能忍受。

有一天限号，我打车去上班。

正是早高峰时段，司机并没有走我常走的那条平坦大道，而是七拐八拐地穿起了小路。

我以为他想绕路多赚钱，不禁愤然地质问司机。

不想司机说道："现在是上班高峰时间，平坦的大路交通比较拥挤，弄不好还要堵车，路上肯定会耽误很多时间。我们现在绕一点道，多走些路，反而会快一点到达目的地。"

果然，那一天我比平时早了 20 分钟到公司。

人生的旅途中也是如此吧，看似好走的路最拥挤，如果能够另辟蹊径，往往可以更快抵达目的地。

当年，诺贝尔研究出威力强大的硝化甘油新型炸药，有人认为他是在为战争贩子提供杀人利器。因此，他的工厂门前经常有人举着牌子抗议和示威。

然而，更麻烦的事情还在于当时落后的生产工艺。

在生产炸药的过程中，诺贝尔的工厂发生过多次爆炸事件，一些人死于非命，其中就包括诺贝尔的弟弟。诺贝尔本人也是伤痕累累。

市民们不能容忍一座危险的火药桶安放在他们中间，纷纷向市政府抗议，要求关闭诺贝尔的工厂。市政府顺从民意，强令诺贝尔工厂迁到城外。

无奈之下，诺贝尔决定将工厂整体搬迁。

但是，搬到哪儿去呢？

这座城市周围是大片水域，陆地面积很小，任何一个居民也不会接受一座会爆炸的工厂。

看来只有迁往人烟稀少的偏远山区才不会有人反对，但高昂的运输费用却使诺贝尔难以承受。以当时的技术条件，也很难保证在长途搬运过程中不会发生爆炸事故。

怎么办？诺贝尔遇到了一个两难问题。

有人劝诺贝尔干脆别干了。世上值得一干的事业多着呢，何必一定要做这种吃力不讨好的买卖？

但诺贝尔却不是一个轻言放弃的人，无论付出多大代价，也要将自己钟爱的事业进行到底。

他想，工厂搬迁，需要满足人烟稀少、费用低廉、运输安全三个条件，而这三个条件却是相互矛盾的。

他冥思苦想，终于想到一个主意：将工厂建在城外的水面上。在那个年代，这的确是异想天开，却是能同时满足上述三个条件的唯一办法。

以当时的技术条件，在水面上建厂的难度太大。诺贝尔的做法是：以一条大驳船作为平台，将工厂比较不安全的部分生产车间、火药仓库建在上面，用长长的铁链系在岸上；将工厂其余部分建在岸上。一个老大难问题就这样解决了。

条条大路通罗马，解决问题的方法很多。当我们感到迷惘的时候，当我们犹豫不决的时候，我们是否可以放弃常规方法，换个思路解决问题？

世上只有难解决的问题，而没有不能解决的问题。方法总比问题多，当常规方法行不通时，打破思维定式，难题也许就会迎刃而解。

人生中有很多时候我们会遇到类似的问题：我们最常用的解决问题的方式，不见得是最好的。

林肯曾经说过："我从来不为自己确定永远适用的政策。我只是在每一具体时刻争取做最合乎情况的事情。"英国大科学家、电话的发明者贝尔说："不要常常走人人都去走的大路，有时另辟蹊径前往云林深处，你会发现那里有你从来没有见过的景色。"

20世纪80年代，德国奔驰车受到日本大量优质低价车的冲击，生意逐渐冷落起来。怎么办？

奔驰是世界上最早的汽车品牌之一，难道它已经老态龙钟，不再适应社会而不能继续奔驰下去了？

奔驰汽车公司的掌门人埃沙德·路透绝不会允许奔驰车在自己的手里抛锚。这个雄心勃勃的德国人，给奔驰车选择了一条与众不同的道路。他保证这条与众不同的道路，将会令奔驰车再次迅速而又平稳地奔驰起来。

路透为奔驰车选择的是一条高价路线："奔驰车将以两倍于其他车的价格出售。"路透似乎早已下定了决心，他知道如果设法提高奔驰车的质量，以优质为基础的高价必能带给消费者无上的尊贵感、满足感。

他当然知道这逆风而行的一步如果成功，将给奔驰公司带来多么高的荣誉；但他更清楚这一步一旦失足，会有多么大的损失。他必须鼓起所有的勇气走好这一步险棋。

路透和他所率领的公司永远都不愿充当像恐龙那样不适应时代变化的角色。

在奔驰 600 型高级轿车问世之前，路透便对他的技术专家们说："我最近想出了一则很优秀的汽车广告，当然是为咱们奔驰想的。这则广告是：'当这种奔驰轿车行驶的时候，最大的噪声来自车内的电子钟。'我准备把这种奔驰车定价为 17 万马克。"专家们当然明白总裁的意思，却仍不免大吃一惊：17 万马克，买普通轿车能买好多辆啊！

也许是总裁的表现感动了那些专家，他们废寝忘食地工作，以惊人的速度成功地研制出了新型优质的奔驰轿车。路透宣布将奔驰轿车的价格提高一倍。

这个决定不仅让整个德国震惊，更让全世界的汽车厂商惊惶不已。

路透的愿望很快变成了现实，闻名世界的高级豪华型轿车——奔驰 600 问世了，它成了奔驰轿车家族中最高级的车型，其内部的豪华装饰，外部的美观造型，无与伦比的质量，都令人叹为观止。

很快，各国的政府首脑、王公贵族，以及知名人士，都竞相挑选奔驰 600 作为自己的交通工具，因为，拥有它是财富的象征。

现在，奔驰汽车公司仍然是德国汽车制造业的龙头老大，也是世界商用汽车的最大跨国制造企业之一。奔驰汽车以优质高价著称于世，且历时百年而不衰。

当其他企业大多以降低成本、降低商品价格的方式来达到增强竞争能力的目的时，奔驰公司却走了一条小路。

这或许可以给处在迷茫中的人们一点有益的启示。

当很多人在往同一条大路上挤的时候，只要你拥有足够的谋略、实力和信心，另谋小路而取之，也许会走得更快、更轻松。

当解决问题的一条路被堵死时，不要气馁。试着换一个角度来思考问题，也许你会有意外的收获。

面面俱到，其实是给自己设圈套

董静是我过去的同事，挺好一姑娘，就是遇事爱纠结。

午餐叫个外卖，吃什么要考虑一个上午，吃肉吧，怕胖，怕吃到"僵尸肉"；吃素吧，怕营养不均衡，怕不顶饿；建议她点两个菜，她又担心吃不完浪费。

出去逛个街，便宜的衣服担心质量不好，质量好的觉得款式不美，款式质量都好的又嫌价格太高。

跳槽的事犹豫了两年，每月发完工资后的几天都嚷嚷着工资太低，活不下去，想换个好一点的工作；过几天想想现在的工作熟练轻松而且环境氛围友好，恐怕难以接受大公司高强度的工作和复杂的人际关系；更担心自己能力不足，找不到更好的工作。挨到下个月发工资的日子，再来重复一遍之前的纠结。

后来她终于下定决心离职还是因为怀了宝宝，身体状况不适合再上班。

像董静这样遇事爱纠结的人我见过不少，他们往往会把一些简单的事情复杂化，越去研究它，就越觉得无法做出正确的决策。

实际上，很多时候，解决某些问题只需一个简单的意念，一个直觉，并且照着你的直觉去做，很可能就把自己从令人身心俱疲的思想缠绕中解救出来。只要找到问题的根源所在，你会发现解决问题并不是很困难的事情。

而你所以为的思虑周全、面面俱到，其实只是在给自己设置圈套。

英国某家报纸曾举办过一项有着高额奖金的有奖问答活动。题目是：在一个充气不足的热气球上，载着三位关系世界兴亡、人类命运的科学家。

第一位是环保专家，他的研究可拯救无数的人，使人们免于因环境污染而死亡的噩运。

第二位是核物理专家，他有能力防止全球性的核战争爆发，使地球免遭灭亡。

第三位是农业专家，他能在不毛之地，运用专业知识成功种植粮食，使几千万人摆脱饥荒。

此刻热气球即将坠毁，必须至少扔出一个人以减轻载重，其余的人才有可能存活。如果继续超重，还可能需要再扔下一个人，请问该扔掉哪位科学家呢？

问题刊出之后，因为奖金的数额相当庞大，各地答复的信件如雪片般飞来。在这些答复信中，每个人皆竭尽所能，甚至天马行空地阐述必须扔掉哪位科学家的宏观见解。

最后答案揭晓了，巨额奖金的得主是一个小男孩。他的答案是——将最胖的那位科学家扔出去！

这当然是一种找噱头式的炒作，但这个小男孩睿智而幽默的答案，却提醒了许多聪明的大人：最单纯的思考方式，往往会比拐弯抹角地去思考，去钻牛角尖，更能获得好的成效。

尽管解决疑难问题的好方式有很多，但归纳起来只有一种，那就是真正能切合该问题的实际，而非自说自话、脱离问题本身的盲目探讨。

所以，当你在前进的路上遭遇阻力时，要仔细想清楚问题真正的重点何在，不要总想着思考周全、面面俱到。

我们可以通过单纯化的思考，将这种思考的方式模式化，训练成为日常的习惯。经过反复应用，假以时日，你将不会再为问题复杂的表象所困惑，而拥有足够的智慧，得以找出最简单、直接、有效的答案。

世界上有许多事原本都很简单，却因为人们复杂的思维模式而变得复杂了。人们和这些复杂的问题不断地斗争，并且依据各种理论、各种经验，用一些连自己也不确定是否有效的方法来解决问题。实际上，解决这些复杂的问题，最好的方法往往就是运用简单思维。

曾看到过这样一则故事：

一个农民从洪水中救起了他的妻子，他的孩子却被淹死了。事后，人们议论纷纷。有人说他做得对，因为孩子可以再生一个，妻子却不能死而复生。有人说他做错了，因为妻子可以另娶一个，孩子却没办法死而复生。

哲学家听说了这个故事，也感到疑惑难解，他去问农民。农民告诉他，他救人时什么也没有想。洪水袭来时，妻子在他身边，他抓住妻子就往山坡跑，待返回时，孩子已被洪水冲走了。

假如这个农民将先救谁的问题复杂化，事情的结果又会是怎样呢？

洪水袭来了，妻子和孩子被卷进旋涡，片刻之间就要没命了，而这个农民还在山坡上进行抉择：救妻子重要呢，还是救孩子重要？

也许等不到农民想清楚救妻子与救孩子两种抉择的利弊，洪水就把他的妻儿都冲走了。

人们经常把一件事情想得非常复杂，在做事之前思前想后，再三权衡利弊。

之所以常犯这种毛病，就在于把一切问题复杂化了，这样就有意无意地给自己设置了许多"圈套"，在其中钻来钻去。殊不知，解决问题的方法反而在这些"圈套"之外。

聪明的人懂得把复杂的事情简单化，而愚蠢的人常把简单的事情复杂化。你以为的面面俱到，其实是在给自己设置圈套。

胸中有丘壑，才能立马震山河

我的一个朋友在一家公司干了 10 多年，在部门副经理的位置上也待了 5 年，却迟迟升不上去。

本来两年前有一个扶正的机会，原经理调入总部，空出来的职位完全有可能由他来接任，但总部不知道出于什么原因，竟然从其他城市空降来一个经理。

我的朋友没有当上经理，原本就心理不平衡，而且新来的经理和他意见不合，经常会因工作的事情发生一些小小的摩擦。

在一次冲突后，他决定不再在这个经理下面受气，于是决定找猎头公司帮自己谋个匹配的公司和职位。

有一次一起吃饭，他跟我说起了这件事。

我问他："你对现在的公司没有兴趣了吗？"

他回答说不是的，自己很舍不得走，只是无法容忍经理的工作方式。

"那么，你为什么不换个角度，试着帮你的经理找个更好的职位呢？"

"这个主意不错。"他说。但是要如何才能让经理换个位置呢？出阴招、告黑状之类的下作方法显然不可取。

后来我建议他，最好的办法莫过于帮助经理升职去总部，这是一个积极的、双赢的方法。

有了这个方针和策略后，他的工作更加努力了，不仅带领团队将业绩做得相当出色，还在很多重要场合突出经理的领导有方。

他这样做的效果很快就出来了，经理与他的冲突日益减少；不久之后，经理就因为业绩突出而上调总部，担任更重要的职务。经理在临走时，极力向公司高层推荐我的这位朋友接任自己的职务。

果然，在上司高升不久，他被扶正。

其实很多事情都是如此，解决问题的方法很多，一定要用脑子去智取，不要蛮干。

方法得当方为强者。只有当你心中有了解决问题的基本框架与思路，才能迅速采取适当的策略与方法，而不必像没头苍蝇一样到处乱撞。

西方流行一句十分有名的谚语，叫作"Use your head"（用用你的脑子），许多名人一生都谨记着这句话，为人类解决了很多难题。

在现代社会里，每个人都在想尽一切办法来解决生活中所发生的问题，而最终的强者必将是解决方法最得当的那部分人。

世界著名的电脑厂商 IBM 的前任总裁华特森就是一个特别注重办事方法的人，而且他十分舍得花费时间和金钱来培养员工解决问题的能力。

他曾对外界信誓旦旦地说："IBM 每年员工教育训练费用的增长，必须超过公司营业额的增长。"事实上也确实如此。

在 IBM 公司各地分部管理人员的桌上，都会摆着一块金属板，上面写着"THINK"（想）。这一字箴言，就是 IBM 的创始人汤姆·华特森提出的。

1911 年 12 月，华特森还在 NCR（国际收银机公司）担任销售部门的高级主管。

有一天，寒风刺骨，淫雨霏霏，气氛沉闷，无人发言，大家焦躁起来。

华特森突然在黑板上写了一个很大的"THINK"，然后对大家说："我们共同的缺点是，对每一个问题没有充分思考，别忘了，我们都是靠动脑赚得薪水的。"

在场的 NCR 总裁约翰·巴达逊对"THINK"这一字大为赞赏，当天，这个字就成为 NCR 的座右铭。三年后，它随着华特森的离职，又变成了 IBM 的箴言。

其实，"THINK"是华特森从多年的推销经验中总结出来的。

他在 1895 年进入 NCR 当推销员，从公司的"推销手册"中学到许多推销的技巧，但理论与实际总有一段距离，所以他的业绩很不理想。

同事告诉他，推销不需要特别的才干，只要用脚去跑，用口去说就行了。华特森照做了，但还是到处碰壁，业绩很差。

后来，他从困厄中慢慢体会出，推销除了用脚、用口之外，还得靠脑。想通了这一点后，他的业绩大增。3 年后，他成为 NCR 业绩最好的推销员。这就是"THINK"的由来。

德国著名数学家高斯，孩童时代的聪明早被传为佳话。

小高斯和同学们在计算 1~100 之间的自然数之和时，都在用脑。

小高斯却用脑找出了一条捷径，方法得当，不消半分钟就算出 5050
的正确答案；而其他人则用脑将一个又一个数字相加，费时费力得
出的答案还较难保证准确。

凡事皆是如此，有正确的思路才能采取更适宜的办法，正所谓
思路决定出路，想到才能做到。当你胸中有丘壑，才能立马震山河。

很多人缺的不是能力，而是杀伐决断

几年前，闺密小倩在一家图书公司工作。

当时公司准备做一批馆配书。投稿的作者很多，她说她们前前
后后签了 200 多本书稿。

签约的过程中，作者对合同有疑义是很常见的，她一般会对作
者存疑的条款予以适当解释。但若对方执意要对合同做出重大修改，
也是不允许的。公司有公司的规定，尤其是这种批量运作的书，原
则性问题不可能做出较大的让步。

其中有一位作者令小倩印象非常深刻，当时他对合同提出了诸
多异议，对于很多条款都要求做出重大修改。但这是不可能的，所
以他的书稿签约一事也就不了了之。他最后给小倩的答复是"我再
考虑一下"。

小倩说，两年以后，那位作者又联系到了她，说："我考虑好了，
这本书还是签给你们吧！"

而小倩只能回答："对不起，之前的项目已经结束，我们目前不再需要这种类型的书稿。"

你在生活中是不是也见过这样的人？对于一件事总要思前想后不能决断，等到好不容易下定决心去做的时候，才发现一切都已经晚了。

对于一件事情，不能当机立断是很危险的。面对越重大的事情，越需要杀伐决断的果敢。

你认为有价值的、对自己有利的，就要当机立断。你认为不符合自己利益的就干脆不干。

不论做任何事情，只要认为应该做的，就去做。如果有一天不想做了，就立刻退出或另谋出路。

做任何事情，优柔寡断总是要吃亏的。况且世界上根本不存在绝对的正确与绝对的错误。

华裔电脑名人王安博士，声称影响他一生的最大的教训发生在他6岁那年。有一天，王安外出玩耍，经过一棵大树的时候，突然有什么东西掉在他的头上。

他伸手一抓，原来是个鸟巢。

他怕鸟粪弄脏了衣服，于是赶紧用手拨开。鸟巢掉在了地上，从里面滚出了一只嗷嗷待哺的小麻雀。

他很喜欢小麻雀，决定把它拿回去喂养，于是连鸟巢一起带回了家。

王安走到家门口时，忽然想起妈妈不允许他在家里养小动物。所以，他轻轻地把小麻雀放在门后，急忙走进室内，请求妈妈的允许。

在他的苦苦哀求下，妈妈破例答应了儿子的请求。

王安兴奋地跑到门后，不料，小麻雀已经不见了，一只黑猫正在那里意犹未尽地擦拭着嘴巴。

王安为此伤心了好久。

从这件事中，王安得到了一个很大的教训：只要是自己认为对的事情，绝不可优柔寡断，必须马上付诸行动。

当年波特与基恩为拳王的荣誉而战，基恩最后获得了胜利。他在领奖台上说了一句名言，至今令人回味："作为拳手，最忌讳的是优柔寡断。看准了，重重的一拳打过去，那就是最好的选择。"

的确，在拳击台上是没有时间给你思前想后的。看准了就打过去，你不出手，对手就会出手；你就只剩招架之力，没有还手之机。

现实生活中，最可怜、可叹、可悲的是那些一直思想游移、徘徊不定的人，他们想上进，但他们不能使自己像火石一样不屈不挠地直向目标、梦想飞去，总会在半途中遇到棘手问题时犹豫不决而耽误解决问题的最佳时机！

有人喜欢把重要的问题留在一旁，等以后有机会再去慢慢解决，这实在是一种坏之又坏的习惯。假如你有这种习惯，应赶紧花大力气、下苦功去练习一种敏捷而有决断力的本事，无论你面对的问题多么重大，你也不能沉浸在优柔寡断之中……

或许，你的决断不免有错误，但是你从中得到的经验足以补偿你蒙受的损失！

很多人并不缺少解决问题、成就大业的能力，他们缺少的，恰恰是杀伐决断。如同项羽一样，在鸿门宴中没有果断杀掉刘邦，只好在乌江边上感叹"时不利兮骓不逝"。然而你没有美貌的虞姬殉葬，你的失败也掀不起历史的一丝波澜。

所以，你只能勇往直前，杀伐决断，披荆斩棘，创出一个更美好的未来。

非常时期，要用非常手段

我们在生活和工作中难免会遇到一些看似难以解决的问题，绞尽脑汁都想不出办法应对。但是，若能转换一下思路，问题或许就会迎刃而解。

孔子居住在陈国，离开陈国到蒲国去。这时正好公叔氏在蒲国叛乱，蒲人挡住孔子对他说道："你如果不到卫国去，我们就把你送出去。"于是，孔子就和蒲人盟誓绝不到卫国去。

因此，蒲人把孔子送出东门。

可是，出了东门，孔子就径直向卫国走去。

子贡不理解地问道："盟约也可以违背吗？"孔子答道："这是被迫订的盟约，神灵是不会承认的。"

可以看出，对孔子来说，在特殊的情况下只要能够到达卫国，你提出什么条件我都可以答应，说假话也在所不惜！这就叫不能死心眼儿！

张毅曾在同州任观察判官一职，当时朝廷命他制兵器以供边关作战用。他每次都能圆满完成任务。我们看看他是如何应对一个难题的：

> 一次，朝廷急令征 10 万支箭，并限定必须用雕的羽毛做箭羽。这种鸟羽价格昂贵，很难购得。
>
> 张毅说："箭是射出去的东西，什么羽不行？"
>
> 节度使说："改变箭羽应该向朝廷报告，请求批示。"
>
> 张毅说："我们这里离京城 2000 多里路，而边关又急需用箭，这怎么来得及呢？如果朝廷怪罪下来，我承担一切责任！"
>
> 于是便按新的标准造箭，一日之内完成了造箭的任务。
>
> 后来，尚书省认可了张毅的做法。

张毅和孔子的行为特点，都可称为随机应变。

但他们面临不利境况时尚且有时间用来观察和思考，只要善于进行理性分析判断并且不"死心眼"，就可以做到。

但有些时候，危机事件的发生令人猝不及防，究竟做出什么样的反应才是合适的，几乎来不及思考，这就需要拥有超强的应变能力。

春秋时期，有这样一段故事：

> 齐国国君的大公子纠在鲁国，二公子小白在莒国。
>
> 后来听说国君死了，齐国无君，公子纠和公子小白一齐返

回齐国，碰巧同时赶到，争先而入。

辅佐公子纠的管仲开弓放箭欲杀公子小白，但没射中公子小白。

这时，辅佐公子小白的大臣鲍叔牙灵机一动，马上让小白倒下装死，躺在车中。

管仲以为公子小白已被射死，便告诉公子纠说："你可以安稳地坐上国君的宝座了，公子小白已经死了。"

这时，鲍叔牙抓紧时间，立刻驱车最先进入齐国。于是，公子小白当了国君。

在这种非常时期，如果鲍叔牙按照常规的方法去处理，立即反击或者逃跑，恐怕历史上就不会出现齐桓公这位春秋五霸之首了。

正是由于使用了非常的手段，才使公子小白逃过一死，顺利登上国君宝座，成就春秋霸业。

三国时期的曹操和刘备，都堪称一代豪杰，但曹操一向嫉恨刘备，总想着除之而后快。

有一天，曹操到刘备的住处饮酒闲谈。

当谈到当今天下谁称得上英雄时，曹操说道："如今天下的英雄，只有我你两人，袁本初不值一提！"

刘备一听，惊得筷子都掉了。正巧，这时天上打了个响雷。于是，刘备对曹操说："圣人说迅雷风烈，必有大变，是真说得对呀！这一声雷的威力，竟把我吓成这个样子了！看来，我真不配当英雄啊！"

曹操看到刘备这么怂，就收了杀心，认为刘备根本不足为惧。

当时，刘备正客居在曹操手下，每时每刻都在寻找时机，逃出曹营自立门户，担当起复兴汉室的大业。

当曹操说他是英雄时，他误以为曹操摸到了一点儿蛛丝马迹，故意以言语试探，为此有些惊慌，随之失落了筷子。

这是个意想不到的突发事件，刘备担心曹操很可能由此发现他内心的秘密。这时，老谋深算的刘备灵机一动，不慌不忙地解释了一番。

刘备的解释可谓一箭双雕，既解除了曹操对失落筷子的猜疑，又为他胸无大志、平庸无能的假象增加了一层修饰。

面对曹操的试探，刘备随机应变，装作一副软弱可欺的样子，使曹操没有了戒心，可谓是一种十分独特而巧妙的办法。而在这种危急时刻，恐怕也只有这个方法可以帮刘备逃过一劫了。

历史上还有一个人也曾用非常手段应对过危急的突发事件——

宋文帝的时候，因为连年征战，武器库已因之空虚。

有一次宋文帝举行宴会，北国人也在座。闲谈期间，宋文帝偶然问起武器库中的兵器还有几件，这时大臣顾琛立即机警地撒谎应对："还有足够 10 万人用的兵器。旧武器库秘藏的兵器还不知道有多少。"宋文帝发问完了，追悔自己失言。但得到顾琛随机补救的回答，心里十分欣慰。

在非常时期，你要学会使用非常手段，不要墨守成规。

第六章
克服懒惰天性，成就更好的自己

懒惰是人的天性，懒惰地生活是最舒适的。但是那些能够克服懒惰，勤奋做事的人，往往可以取得更大的成功，拥有更精彩的人生。

人，只有克服懒惰的天性，才能成就更美好的自己。

你见过凌晨 4 点的朋友圈吗

"你见过凌晨 4 点的洛杉矶吗？我见过每天凌晨 4 点洛杉矶的样子。"

科比退役的时候，这句话刷爆了朋友圈，球迷、伪球迷、非球迷都争相模仿致敬，于是有人晒出了午夜时分的图书馆，有人晒出夜深人静一盏孤灯的写字楼，也有人晒出了健身房里十级美颜的自拍照。

这样的朋友圈，我们或许多多少少都见过或者发过吧？

扪心自问，考试前秀勤奋的你，真的在专心复习吗？还是刷微博、刷抖音，深夜发一条励志动态然后沉沉睡去呢？

在公司秀加班的你，真的在努力工作吗？还是设置了"仅领导可见"，为升职加薪铺路呢？

在健身房晒自拍的你，真的在汗流浃背地撸铁吗？这么久了，怎么只见你晒美颜，不见你晒腹肌呢？

没有勤奋作为支撑，用力打造出的人设，也就只能骗来几个不走心的点赞吧！

第六章　克服懒惰天性，成就更好的自己

香港"珠宝大王"郑裕彤，出身于在一个农民家庭，自幼家境贫寒，15岁时即中断学业，到香港周大福珠宝行当学徒。

临行前，母亲叮嘱他：干活勤快，遵守规矩，多动手，少动口。

郑裕彤牢记母亲的教诲，干活又勤快又机灵。他处处留意，看老板和同事如何做好经营管理，还在业余时间观察别的商家如何营业。

一次，他去别的珠宝店观察人家的经营之道，不料回来时遇上堵车，迟到了。老板发现后，问他何故迟到。他便据实相告。

老板不相信一个小学徒还有这份心，就问："你说说，你看出了什么名堂？"

郑裕彤不慌不忙地说："我看人家做生意，比我们要精明。客人只要一进店，伙计们总是笑脸相迎，有问必答。无论生意大小，一概客客气气；就是只看不买，也笑迎笑送。我觉得，这种待客的礼貌周到是最值得我们学习的。还有，店铺的门面也一定要装饰得像模像样，与贵重的珠宝相配。我看人家把钻石放在紫色的丝绒布上，高贵典雅，让人格外心动……"

郑裕彤侃侃而谈，周老板暗暗惊喜。他预感此子必成大器，便有意培养他。

郑裕彤成年后，颇受周老板器重，周老板便将女儿嫁给他，后来干脆将生意全交给他打理。

郑裕彤不是无义之人，他暗下决心，一定要把珠宝行做得更好，以报答岳父的知遇之恩。

在他的苦心经营下，周大福珠宝行发展成为香港最大的珠

宝公司，每年进口的钻石数占全香港的30%。之后，郑裕彤又投资房地产业，成为香港几位房地产大亨之一。

后来，有人问郑裕彤为什么取得如此成功，他说出了自己的秘诀：守信用，重诺言，做事勤恳，处事谨慎，饮水思源，不应见利忘义。

同时，他也将这些话作为家训告诫着自己的后代。

郑裕彤的"24字箴言"里，核心是"勤"。自他走向社会，几十年如一日地勤勤恳恳、兢兢业业，靠"勤"发家，靠"勤"致富。

即使在发家以后，郑裕彤一天工作12小时也是常有的事，以至于他母亲常心疼地责怪他："你又不是没钱，何苦仍然那么拼命？"

看看拥有丰厚财产尚且勤勉刻苦的郑裕彤，你是不是该问一下自己："我尽力了吗？"

所谓的"尽力"，是尽到了哪种程度的力呢？是不是"尽力"之后，就连吃饭、走路也使不出力气了呢？如果不是如此，怎么能说自己已经尽力了呢？

某位著名的法学家有一次在大学授课时讲道："当你为一个案子辩论的时候必须尽心尽力，如果你掌握了有利的人证、物证，就紧抓着事实去攻击对方；如果你掌握了有利的条文，就用法律去攻击对方。"

这时，一个学生突然发问："如果既没有有利的事实，也没有有利的法律条文，应该怎么办？"

这位法学家想了一下说："即使碰到这种最糟糕的情况，你还是要理直气壮，尽量用力拍桌子。"

"实在是因为实力不如对方才会失败。虽然输了，可是我们也已经尽力了。"我们经常会听到失败的人这么自圆其说。然而，这只是一个不负责任的借口而已。

"尽力"，意味着已经绞尽脑汁、用尽才华，发挥了所有潜能，动用了所有可以利用的人力、物力。如果没有做到这种程度，那怎么能说已经尽了力呢？

人生的意义就在于拼命争取胜利。或许有人认为这未免太冷酷无情，但这正是世界最真实的一面，竞争激烈的现代社会就是这般残酷。

人生应该以胜利作为最终目的，对于胜利必须有强烈的渴望。

贝多芬说："在困厄颠沛的时候能坚定不移，这就是一个真正令人敬佩的人的不凡之处。"

在紧要关头，绝对不可以松懈，必须想尽办法、拼尽全力冲破难关。一旦穿过了这道瓶颈，前程就会豁然开朗，进入另一个光明灿烂的人生阶段。

有人说："谁以为命运女神不会改变主意，谁就会被世人所耻笑。"

"勤能补拙"已是一句老话，但从学校毕业，进入了社会，这句话就不一定能常听到了。

能承认自己有些"拙"的人不会太多，能在进入社会之初即体会到自己"拙"的人更是少之又少。大部分人都认为自己不是天才至少也是个干将，也都相信自己接受社会几年的磨炼后，便可一飞冲天。

但是，能在短短几年内一飞冲天的人能有几个呢？有的飞不起来，有的刚展翅就摔了下来，能真正飞起来的实在是少数中的少数。

为什么呢？大多是因为社会磨炼不够，能力不足，又不愿以勤补拙。

勤奋的人愿意付出比别人多好几倍的时间和精力来学习和工作，不怕苦不怕难，兢兢业业。这样的人，怎么可能不成功呢？

其实"勤"并不只是为了补拙，在一个团体里，勤奋的人总会获得更多好处。

一是可以塑造敬业的形象。当其他人"摸鱼"时，你的敬业精神会让别人刮目相看，认为你是值得敬佩的。

二是容易受到领导的器重。每个领导都喜欢勤奋的员工，因为勤奋的人让人更放心，更愿意把重要的工作交给他。长此以往，接触的工作越来越重要，不仅自己的能力会得到很大的提升，同时也会因为不断参与重要工作而成为组织的核心成员。

业精于勤荒于嬉。在通往成功的路上，曲折和坎坷是难免的，而不管多么聪明的人，要想成功，都少不了一个"勤"字。人生中任何一种成功和幸福的获取，大都始于勤也成于勤。

"你见过凌晨 4 点的洛杉矶吗？我见过每天凌晨 4 点洛杉矶的样子。"

科比的话，不知道能不能激励哈登看看凌晨四点的休斯敦，激励库里看看凌晨 4 点的奥克兰，激励詹姆斯看看凌晨 4 点的克利夫兰。

但我希望，这句话可以激励你，真的努力读书、努力工作、努力为自己的梦想拼搏；希望凌晨 4 点钟不要再看到你们励志的朋友圈消息——拼尽全力的人没空玩手机。

对不起，你拨打的电话不在舒适区

雅琪是我的大学同学，曾经睡在我对床。同在北京多年，我们从最初的每日煲电话粥吐槽，到现在越来越习惯微信留言——因为她的电话时常是无法接通的。

不是在开会，就是在见客户，要么是在上培训课，好不容易有空闲，手机可能又被她丢在健身房的更衣柜里。

这就是所谓的"身体和灵魂总有一个在路上"吧？当然，不是旅行的路上，是成长的路上。

在这样的忙忙碌碌中，我眼见着她从初入职场懵懵懂懂的业务员，一步一步做到了市场部经理。

也不是没有听她抱怨过工作压力太大，客户太难缠，英文太难学。但是吐槽过后，依然会看到她再次打起精神走出自己的舒适区，去挑战下一个目标。

每个人都想成功，但有些人总是错过成功的机会，原因在于他们沉浸在舒适区无法自拔。

我们身边都有这样的人，早上躺在床上不想起来，起床后什么也不想干，能拖到明天的事今天不做，能推给别人的事自己不干，不懂的事不想懂，不会做的事不想学。凡事得过且过，不思进取，也不去考虑明天会怎样。

当一个人习惯了这样的舒适区以后，对任何需要付出努力去做的事情都会感到不适应，难以接受。生活渐渐如一潭死水，不愿改变，不愿接受新鲜事物，最后必将被社会淘汰。

有的学生遇到难题，不愿意思考，不愿意请教老师，浑浑噩噩地混日子，最后成绩太差毕不了业；有的人工作中遇到新事物不愿意学习，自身技能渐渐跟不上行业发展需求，被公司辞退；有的商人因循守旧，面对汹涌的经济浪潮也不肯求新求变，渐渐被市场所淘汰，难逃破产命运；有的病人怕苦怕痛不肯吃药打针，最后导致病情恶化，难以医治……

躺在舒适区里混日子是很容易的，但其结果却是谁都不愿意承受的。

那么，为什么不趁着大好时光走出舒适区，去挑战一些自己未曾攀登过的高峰，去将一些原本以为的"不可能"变成"可能"，去成就更美好的自己呢？

你羡慕谁谁谁考上了哈佛，但你依然躺在床上不肯起来读书。

你羡慕谁谁谁登上了珠穆朗玛峰，但你依然赖在沙发上沉浸于"葛优躺"。

你羡慕谁谁谁出了书、开了签售会，但你依然不肯建个文档打出一个字。

你羡慕谁谁谁创业成功开了公司，但你依然抱着手机不肯放弃"王者荣耀"。

打赢一百局王者荣耀，你能不能成为一个真正的王者？

你刷着快手和抖音傻笑，人家成了网红赚得盆满钵满，你收获的只有笑出来的满脸褶子。

你看着朋友圈里大家闪闪发光的生活，出去跟人吹牛说"我朋友怎样怎样"，你口中的"朋友"可能根本不记得你是哪位。

醒醒吧朋友，你所沉浸其中不能自拔的舒适区，其实是一座舒适的坟墓。这里埋葬了你的时间、你的生命、你的前途和未来。

你需要行动起来，走出舒适区，去看看外面精彩的世界，去感受烈日下的挥汗如雨，去体验风雨中的激流勇进，去尝试再次做一个逆风飞翔的少年。

只有行动起来，你才能逐渐接近心中潜藏已久的梦想，才能成就更美好的自己。

记得有位著名作家曾经说过，床是个让人又爱又恨的东西。我们晚上上床睡觉前，想到没有做完的工作总觉得睡觉还太早。然而，第二天早上，我们还是不愿意早起床。尽管昨天晚上我们下决心第二天早上一定要早起。

19世纪美国杰出的政治家丹尼尔·韦伯斯特往往是在早餐前写好20到30封的回信。

英国著名小说家司各特之所以能取得那么多的成就，原因就在于他是个行动力很强的人，从来不会因耽于舒适而误事。

他早上很早就起床。他自己曾经说，到早餐时，他已经完成了一天当中最重要的工作。

一位渴望在事业上获得成功的年轻人曾写信向他请教，他这样答复："一定要警惕那种使你不能按时完成工作的习惯——我指的是，拖延磨蹭的习惯，要做的工作即刻去做，等工作完成后再去休息，千万不要在完成工作之前先去玩乐。"

在完成任务后,给自己一个奖励,奖励要实际并按事先定好的办。要留意会引诱自己不按计划行事的想法,例如,"我明天再做""我应该休息一下了"或"我做不了"。

要学会把自己的思想倾向扭转过来:"假如我再不做就没有时间了,下面还有很多事情等着我去做呢""如果我做完这个,我就会感觉更轻松一些了"或"我一旦开始做,就不会那么糟糕了"。

倘若开始行动对你是一个挑战,那么设计一个"十分钟计划":先花十分钟去做你惧怕的工作,再决定是否继续做下去。

倘若你在工作当中出现了一些障碍,那就把工作地点或姿势改变一下,休息一下,或者换一下工作内容。

向能为你的工作提供咨询帮助的朋友、亲人寻求帮助。在工作进程中向他们求教,告诉他们你需要他们的支持,你需要倾诉你对工作的感想,你需要来自他们的鼓励。

下面是我的几点经验,对你勇敢走出舒适区会有很大的帮助。

第一,不要拖延,及时行动。

不要说:"我下周再去做。"在现在与下周之间会出现太多的变化,现在就对你的实际情况进行研究,进而付诸行动。

第二,把你的热情和积极性给激发出来,不断地前进,使成功逐渐靠近你。付诸行动才会让你有机会取得成功,而坐着不动只会使你的计划付诸东流。行动才会带来报酬,你的热情和积极性会因拖延而被消耗。

第三,检查你的进展,做必要的修正。

直到你已经着手某件事之后,你才能修正你的行动。因此,把你最终的收获与你早期的估计做一下比较,吸取经验和教训,争取在下一次的行动中做到更好。

第四，不要裹足不前。不要停滞不前，要不断向前发展。只有不断向前，才能让你更快地取得成功。

如果你迈出了第一步，那你就成功了一半。

遇到问题的时候，你要快速地采取行动，马上去做，比你的竞争对手更早一步知道、做到，这样你才能有成功的可能性。

你只有走出舒适区，走上通向美好人生的道路，才有可能遇见更好的自己。

此时已莺飞草长，你的对手正在路上

认识祥子是在 2012 年，他是我隔壁的新邻居。

那时他在一家小公司做技术员，我也刚刚找到工作，空闲的时候会聊聊各自对未来的规划。他觉得自己学历不够，想要考研；我也觉得自己需要提升一下，于是约定一起复习。

后来他工作越来越忙，再后来我们收入渐渐好转，相继搬离了之前的单身公寓，一起复习的事就这样不了了之。

上个月一起吃饭，聊起了当年的约定。

他感叹工作太忙，没时间上课；感叹家庭琐事太多，没有精力复习；感叹人到中年，记忆力大不如前。虽然他的专业能力在公司无出其右，但还是在总工程师职位竞争中败给了另一位学历更高但实际工作能力并不如他的同事。

你的努力终将成就更美好的自己

"你的学历考下来了吗？"他问。

"考下来也没什么用，我们这行更注重能力。"我故意略去那几年的苦读备考。这个话题，再聊下去就不合适了。

在日常生活中，我们不难发现一些人，他们总是喜欢拖延。这是他们性格的弱点。有些事情的确是你想做的，绝非别人要你做，然而，即便如此，你依然会一拖再拖。

有些人是因为害怕自己做得不够好，所以迟迟不肯行动。

有些人是因为懒惰、耽于眼前的轻松舒适，所以拒绝行动。

还有一些人，总觉得自己没有准备好，想要等到一切条件都成熟再开始。

但是，哪有什么事情是万事俱备，只要轻轻松松就能做好的呢？

所以这些人就一拖再拖，拖到青春不在，拖到两鬓斑白。

而他们的对手，早已在天将破晓时上路，披星戴月，日夜兼程，赶往想要到达的远方。

你还没有起步，别人已到终点。

网络上流行一句话："条条大路通罗马，但有的人就出生在罗马。"看似讲的是命运，然而究其根源，生在罗马的人，是因为他们的父辈提早启程，提早经历了途中的风餐露宿、筚路蓝缕，提早到达了罗马。

如果你从现在开始启程，虽然路途辛苦，但是终究会离罗马越来越近。想要拥有更好的生活，这个辛苦的过程，谁都逃不掉——除非你愿意一直窝在家里羡慕别人走遍万水千山。

假如你的生命还有 6 个月的时间，你会继续像现在这样在看似安逸舒适的生活中沉溺下去，还是会用这仅剩的一点时间完成自己尘封多年的梦想？

第六章 克服懒惰天性，成就更好的自己

人生只有一次，过去了就没有机会重来。你在不断拖延中消耗掉的时光，也是你生命中宝贵的片段。当人们垂垂老矣回望前尘往事的时候，别人看到精彩纷呈的画面一帧一帧划过眼前，而你看到的将只有满目苍白。

拖延是很多人的性格弱点，对于有些人来讲，这似乎已经成为他们习以为常的一种生活方式。他们总是明日复明日，因而也就总是碌碌无为。

拖延时间是一种极其有害于人们日常生活与事业的恶习。

你也许早已厌烦自己的这种不良习惯，并希望在生活中消除因拖延而产生的各种忧虑。但是，你始终没有将自己的愿望付诸切实的行动。

其实，你所推迟的许多事情都是你曾经期望尽早完成的，只是由于某种"原因"而一拖再拖。有时你甚至每天都对自己说："我的确应该做这件事了，不过还是等一段时间再说吧！"

有一位新闻记者将拖延时间的行为生动地喻为"追赶昨天的艺术"，这里，我们可以在后面再加半句——"逃避今天的法宝"，这就是拖延时间的作用。

你不立刻去做想要做或应该做的事情，却下决心要在将来的某个时候去做。这样，你便可以逃避马上采取行动，同时安慰自己说，你并没有真正放弃做这件事情。

每当你面对艰苦的工作时，都可以求助于这种站不住脚，却看似实用的借口。

如果你一方面坚持自己的生活方式，另一方面又说你将做出改变，那么你的这种声明没有任何意义。你不过是懒惰的、缺乏毅力的人，最后将一事无成。

因此，为了让每一件事情都避免失败，你必须改变拖延的习惯，马上就去做最需要做的事情。

成功性格的第一条守则就是：开始行动，向目标前进！第二条守则是：每天持续行动，不断地向前进！

不要等待奇迹发生时才开始实践你的梦想，今天就开始行动！

如果你想要参加英语考级，从今天就开始背单词，哪怕每天只背20个，坚持一年，至少也能达到四级的水平。

如果你想减肥，从今天就开始管住嘴迈开腿，哪怕只是每天少喝一杯奶茶，多走30分钟路，坚持一年，至少也能穿下小一码的衣服。

如果你想升职，从今天就开始杜绝摸鱼，努力工作，钻研业务，坚持一年，即使还没机会升职，至少也能在领导心里成为下一次提拔的候选人。

如果你想攒钱买房，从今天就开始减少不必要的开支，哪怕只是每月少买两件衣服，少泡一次酒吧，坚持一年，至少也能让你的存款余额多一个零。

如果你想学油画，今天就去请一位老师，购买教材和画具，开始学习。

如果你想去旅游，今天就去找一家旅行社咨询，安排行程，收拾行李。

不论目标是什么，你现在就要行动起来，朝着理想大步迈进。

道阻且长，行则将至。

你要悄悄拔节，然后惊艳四方

当人们谈论幸运的时候，往往会想到金融市场中的那些大亨，在这里有着太多一夜暴富的故事，也许"幸运"并非最合理的解释。

1878 年 6 月 6 日，一个名叫威廉·马蒂斯的男孩子出生在美国得克萨斯州路芙根市的一个爱尔兰移民家庭。由于马蒂斯的父母是爱尔兰籍移民，家里没有一点积蓄，加之当时美国经济不景气，马蒂斯的母亲常常为一日三餐发愁。

少年时代的马蒂斯只读了几年书便早早辍学了，他不得不像大人一样，为了生计奔波。

马蒂斯在火车上卖报纸、送电报，贩卖明信片、食品、小饰物等东西，赚取微薄的收入，以贴补家用。

与其他报童不同的是，马蒂斯放报纸的大背包里时刻都装着书，空闲的时候，当别的报童纷纷去听火车上卖唱的歌手们唱歌或跑到街上玩耍时，马蒂斯便悄悄地躲到车站的角落里读书。

在这段时间，他初步认识到世界上的一切事物的发展变化都遵循各自的规律。

马蒂斯的家乡盛产棉花，在对棉花过去十几年的价格波动做了分析总结后，1902 年，24 岁的马蒂斯第一次入市买卖棉花期货，便小赚了一笔。之后他又做了几笔交易，几乎每笔都能赚到不少钱。

投资棉花期货的成功坚定了马蒂斯进军资本市场的信心。不久，马蒂斯到俄克拉荷马去当证券经纪人。

当别的经纪人都将主要精力放在寻找客户以提高自己的佣金收入时，马蒂斯却把美国证券市场有史以来的记录收集起来，一头扎进了数字堆里，在那些杂乱无章的数据中寻找着规律性的东西。

当时做经纪人的收入是很可观的。每到夜晚，马蒂斯的许多同事便出入高级酒店、呼朋唤友。而他由于没有客户，得不到佣金，只能穿着寒酸的衣服躲在狭小的地下室里独自工作。

同事们笑他迂腐，笑他找不到客户，还暗地里给他起了个外号叫"路芙根的大笨蛋"。

马蒂斯并不理会这些，依然我行我素。他用几年的时间去学习金融市场的运行规律，不分昼夜地在大英图书馆研究金融市场在过往 100 年里的历史。

1908 年，马蒂斯 30 岁，移居纽约，成立了自己的经纪公司。同年 8 月 8 日，马蒂斯发表了他最重要的市场趋势预测法：控制时间因素。

经过多次准确预测后，马蒂斯声名大噪。

许多人对马蒂斯一次次对证券市场的准确定位颇为不解，更有一些人坚持认为这个年轻人根本没有那么大的本事，他的成功只不过是传媒在事实的基础上大肆渲染的结果。

为确保自己报道的真实性，1909 年 10 月，记者对马蒂斯进行了一次实地访问。

在杂志社记者和几位公证人员的监督下，马蒂斯在 10 月的 25 个市场交易日中共进行 286 次买卖，结果，264 次获利，22 次损失，获利率竟高达 92.3%。

这一结果一见诸报端，立即在美国金融界引起轩然大波。人们惊呼，这个年轻人简直太幸运了！

以后的几年里，马蒂斯在华尔街共赚取了 5000 多万美元的利润，创造了美国金融市场白手起家的神话。

不仅如此，他潜心研究总结出的"波浪理论"还被译成十几种文字，作为世界金融领域从业人员必备的专业知识而被广为传播。

许多时候，人们总会用"幸运"来形容一个企业家或是某个人的崛起与成功，还有一些人会经常抱怨自己时运不济，对生活和事业中的"不公平"产生困惑与不满。

事实上，幸运的得来，靠的是一个人艰苦卓绝的努力与永不放弃的执着。

当你呼朋引伴夜夜笙歌的时候，他在斗室里默默努力钻研；当你在艳阳下游乐狂欢的时候，他在岗位上默默辛勤耕耘；当你毕业多年仍在业界默默无闻的时候，他已经成为行业翘楚，让你望尘莫及。

而你就只会说："那个人真幸运。"

你的努力终将成就更美好的自己

幸运个锤子啊!

这让我想起了一位房地产行业的朋友给我讲过的一个故事。故事的主人公是她的同事,叫蕾蕾。

蕾蕾的老家在一个偏远贫困的农村,有多偏远多贫困呢? 2012 年的时候还没有用上电冰箱和洗衣机,一台大脑袋的电视机是她家里唯一的电器。

蕾蕾大学毕业后来北京打工,做房屋租赁业务员,也叫经纪人。

她又矮又黑,打扮土气,呆呆笨笨的,不懂人情世故,性格也不太讨喜,在房产公司一众年轻漂亮机灵的姑娘中间显得格格不入。总之,在公司是一个不受待见的角色,更是从来也不会参加员工间的私人聚会。

但是这个姑娘的优点是格外勤奋。不懂就问,即使遭人白眼也要厚着脸皮把问题弄清楚。白天打推销电话;无论严寒酷暑都坚持带客户看房,哪怕正吃着饭,只要客户一个电话打来,马上放下筷子带人去看房;来租房的大部分是上班的年轻人,有些人晚上 10 点加班结束以后才有时间,她即使等到夜里 10 点、11 点也毫无怨言。回到家以后再整理资料、登记……

工作半年以后,她帮家里买了电冰箱、洗衣机、空调,换了更大更好的电视机。

第二年年底,她成了全公司的销售冠军。

第三年,她贷款在燕郊买了一个小房子。

当初嘲笑她的同事说:"你真幸运。"

132

幸运吗？如果幸运是可以靠汗水与努力换来的，那她真的是非常幸运了，因为她付出了常人不愿付出、不肯付出的艰辛。

幸运永远属于勤奋的人，这是一条毋庸置疑的真理。

　　三国时期的吕蒙是东吴将领，他英勇善战，所向无敌，深得周瑜、孙权器重。但是，吕蒙十五六岁就从军打仗，没读过什么书，也没什么学问。为此，同样受器重的大都督鲁肃很看不起他，认为吕蒙不过是草莽之辈，四肢发达、头脑简单，不足与其谋事。

　　吕蒙自认低人一等，也不爱读书，不思进取。

　　有一次，孙权派吕蒙去镇守一个重地，临行前嘱咐他说："你现在很年轻，应该多读些史书、兵书，懂的知识多了，才能不断进步。"

　　吕蒙一听，忙说："我带兵打仗忙得很，哪有时间学习呀！"

　　孙权听了批评他说："你这样就不对了。我主管国家大事，比你忙得多，可仍然抽出时间读书，收获很大。汉光武帝带兵打仗，在紧张艰苦的环境中，依然手不释卷，你为什么就不能刻苦读书呢？"

　　吕蒙听了孙权的话，感到十分惭愧，从此以后便开始发愤读书，利用军旅闲暇，读遍诗、书、史及兵法战策，如饥似渴。

　　功夫不负苦心人，渐渐地，吕蒙官职不断升高，当上了偏将军，还做了寻阳令。

　　周瑜死后，鲁肃代替周瑜驻防陆口。

大军路过吕蒙驻地时，一谋士建议鲁肃说："吕将军功名日高，您不应怠慢他，最好去看看。"

鲁肃也想探个究竟，便去拜会吕蒙。

吕蒙设宴热情款待鲁肃。席间，吕蒙请教鲁肃说："大都督受朝廷重托，驻防陆口，与关羽为邻，不知有何良谋以防不测，能否让晚辈长点见识？"

鲁肃随口应道："这事到时候再说嘛！"

吕蒙正色道："这样恐怕不行。当今吴蜀虽已联盟，但关羽如同熊虎，险恶异常，怎能不加预谋，不做好准备呢？对此，晚辈我倒有些考虑，愿意奉献给您做个参考。"

吕蒙于是献上五条计策，见解独到精妙，全面深刻。

鲁肃听罢又惊又喜，立即起身走到吕蒙身旁，抚拍其背，赞叹道："真没想到，你的才能进步如此之快……我以前只知道你是一介武夫，现在看来，你的学识也十分广博啊，远非昔日的'吴下阿蒙'了！"

吕蒙笑道："士别三日，当刮目相看。"

从此，鲁肃对吕蒙关爱有加，两人成了好朋友。

吕蒙通过努力学习和实战，终成一代名将而享誉天下。

每个人的成就都不是随随便便获得的。你只看见别人毫不费力取得成就，却不知道他在你看不见的地方默默努力了很久很久。

如果你愿意放弃灯红酒绿的精彩生活，沉下心来默默努力，悄悄拔节，在下一个春天来临的时候，或许你也可以一夜盛开，惊艳四方。

生活原本沉闷，跑起来才有风

从 2019 年以来，猪肉价格高企，且有愈演愈烈之势。有笑话说过去衡量一个家庭富裕与否的标准是有几套房，现在的衡量标准是有几头猪。

这不禁让我想到了 100 多年前发生在墨西哥的那场猪瘟，以及因这场猪瘟而大获其利的美国实业家亚默尔。

1875 年春的一天，美国实业家亚默尔像往常一样在办公室里看报纸，一条条的小标题从他的眼前一一掠过。当他看到一条简短的时讯"墨西哥可能出现猪瘟"时，他的眼睛突然发出光芒。

他立即想道：如果墨西哥出现猪瘟，就一定会从加利福尼亚、得克萨斯州传入美国。一旦这两个州出现猪瘟，肉价就会飞快上涨，因为这两个州是美国肉食生产的主要基地。

他的脑子正在运转，手已经抓起了桌子上的电话，问他的助手是不是要去墨西哥旅行。

助手一时弄不清什么意思，满脑子的雾水，不知怎么样回答。

亚默尔解释了原因，并说服他的助手马上去一趟墨西哥，证实一下那里是不是真的出现了猪瘟。

助手很快便证实了墨西哥发生猪瘟的消息。

亚默尔立即动用自己的全部资金，大量收购佛罗里达州和得克萨斯州的肉牛和生猪，很快把这些东西运到了美国东部的几个州。

不出亚默尔的预料，猪瘟很快蔓延到了美国西部的几个州，美国政府的有关部门下令一切肉类食品都必须从东部的几个州运入西部。亚默尔的肉牛和生猪自然在运送之列。

由于美国国内市场肉类产品奇缺，价格猛涨，亚默尔抓住这个时机，狠狠地发了一笔大财。在短短的几个月内，他就赚了足足100万美元。

默尔之所以能够赚到这样一大笔钱，就是因为他比别人抢先一步，迅速行动，更好地把握住了商机。

在我们的周围，一定有这样的人：做事总比别人快一步，别人蓄势待发，而他箭已离弦。你刚刚抽刀出鞘，而他的刀已经架在了你的脖子上。

同样是从起点到终点，有的人不慌不忙慢慢踱去，有的人拔腿就跑一路狂奔。谁能先抵达目的地？

生活原本沉闷，跑起来才有风。

谁跑得更快，谁就能更早占据有利地形，一步赢，步步赢。

第六章　克服懒惰天性，成就更好的自己

日本索尼公司创始人井深大和盛田昭夫，一开始就立志"引领时代新潮流"。

一次偶然的机会，井深大在日本广播公司看见一台美国生产的录音机，他便抢先买下了它在日本的专利权，很快生产出日本第一台录音机。

1952 年，美国研制成功"晶体管"，井深大立即飞往美国进行考察，果断地买下这项专利，回国数周后便生产出公司第一支晶体管，又成功地生产出世界上第一批"袖珍晶体管收音机"。

索尼的新产品总是以迅雷不及掩耳之势独占市场制高点。

无论做任何事情都要迅速采取行动，否则很难适应现代社会激烈的竞争环境。

在今天这个信息高速发展的时代，无论是企业还是个人，都必须在第一时间，用最快速度，对外界环境的变化做出反应。因为有速度才能有生存权，速度慢的必然被淘汰。

做人做事都是这样，如果你行动不够迅速，别人就会抢先一步。想把事情做好，就必须迅速行动，先下手为强，把办事的主动权握在自己手里。

如果你不抢在别人前面，别人就会把你甩在后面。

每一个成功者都是行动家，不是空想家；每一个赚钱的人都是实践派，而不是理论派。"我要养成迅速行动的好习惯。"这是成功人士每天都会告诉自己的。迅速行动是一种习惯，是一种做事的态度，也是每一个成功者共有的特质。

宇宙有惯性定律。一旦你慢下脚步，你就总是会落于人后；一

旦你开始快速行动，通常就会一直保持领先。就像短跑比赛，第一名通常都是起步更快的那个人。

　　如果生活沉闷，日月无光，你必须奔跑起来。跑起来才有风，好风频借力，才能送你上青云。

第七章
你有多自律，就有多自由

你有没有过这样的经历：

决定了明天要早起跑步，但第二天早晨还是关掉闹钟蒙头继续睡；

决定了每天背 30 个单词，但坚持了 3 天就放弃；

制订了很周密的学习计划，但根本不能坚持执行……

如果你有这样的行为，说明你不是一个自律的人。

你连自己的小小行为都管不住，又怎样掌控大大的人生？

你要学会自律，才能拥有自由。

你的自律程度，决定你的人生高度

刚认识小蕾的时候，她还是个有点胖也有点壮的小姑娘，身高165厘米，体重120多斤。可能是因为年纪还小吧，那时的她不爱打扮，只爱零食。

后来不记得是从什么时候开始，她忽然狂热地开始了减肥，每天在微信群里问我减肥方法——她知道我有减肥成功的经历。

我以为她会像大部分女孩子一样，一边嚷着减肥一边把薯片冰激凌往嘴里塞。毕竟，认识她这么多年，也没看出她有多么坚强的意志力。

后来，听她说办了健身卡，请了私教，每周按时去健身房报到。

有一次又聊到减肥，我忍不住问她现在多少斤。

"110多。"她说，"我的目标是减到100斤。"

那段时间时常听她抱怨肚子饿，一问才知道，她嫌我说的方法见效太慢，去尝试了网上介绍的很多种极端的饥饿减肥法，每天只吃几片水煮菜叶子，不吃肉，不吃主食，不吃糖分高的水果。

就这样折腾了好几个月，再见她时，真的让我眼前一亮。小蛮腰，马甲线，再也看不出当初壮硕的身形。

虽然这样极端的减肥方法我并不提倡，但是她自律的态度真的让我觉得了不起。

美人与路人，学霸与学渣，成功者与失败者，种种人之间的差距就是这样产生的吧。

有的人能自律，控制得了自己的行为，能够坚持按照既定的计划执行。

而大部分人却只有三分钟热度，能说到不能做到，有美好的理想却不肯为了理想付出任何努力。知道吃薯片炸鸡不健康，依然在吃；知道玩手机浪费时间，依然在玩；知道考试很重要，依然不能认真读完一本书。

说到底，人与人之间的差距，不过就在于能否自律。

"自律"一词出自《左传·哀公十六年》，是指在没有人监督的情况下，通过自己要求自己，变被动为主动，自觉地遵循规则或纪律，用它来约束自己的一言一行。

神经生理学家告诉我们，理性思维与情绪行为在脑中是有部位分工的。人们的行为既受理性指导，又受当时情绪状态的影响。这种影响有好的，也有坏的，程度上也有强有弱。

如果自律能力欠缺，听任情绪自由行事，自我行为管理则是不可能的。

只有增强自律，才能迫使自己去执行既定任务，抵抗干扰，如恐惧、懒惰，抑制感情的激动，使人忍耐、克己。

曾经读到过这样一个故事：

有一群科学家花了很长的时间做了这样一个测试——从幼

儿园找来几个小朋友，将好吃的糖果放在他们的面前，告诉他们，老师有事出去一会儿，等老师回来后再一起分享糖果。

大人们都离开后，只剩下糖果和小朋友，由于离开的时间长，等大人们再次回来后，有的小朋友已经将糖果放在了嘴里，有的小朋友却看着那些诱人的糖果始终没有吃。

二十几年后，科学家追踪调查当年那群孩子的现状，发现那些没吃糖果的小朋友长大后，比那些吃了糖果的小朋友有更好的发展。

通过这个故事，我们明白了这样一个道理：一个人要想有所作为，必须自律，自律对一个人的发展是非常重要的。

罗伊·L.史密斯说过："自律宛若受到控制的火焰，正是它造就了天才。"

14世纪，有个名叫罗纳德三世的贵族，是祖传封地的正统公爵，他弟弟反对他，把他推翻了。

弟弟需要摆脱这位公爵，但又不想杀死他，便想了个办法。罗纳德三世被关进牢房后，弟弟命人把牢房的门改得比以前窄一些。罗纳德三世身高体胖，胖得出不了牢门。弟弟许诺，只要罗纳德能减肥并自己走出牢门，就不仅能获得自由，连爵位也能恢复。

可惜罗纳德不是能够自律的人，他无法抵挡弟弟每天派人送来的美食的诱惑，结果不但没有瘦下去，反而更胖了。

由此可见，一个缺乏自律的人，就像被关在铁栅栏中的囚犯。所以说，如果没有自律，就永远不可能成功。

正是自律的能力，决定了人们在关键时候的所作所为。

关于强化自律能力的方法，有人总结了以下八条，写下来与你分享：

第一，加强思想修养。人的自律在一定程度上取决于他们的思想素质。一般来说，具有崇高理想抱负的人绝不会为区区小事而感情冲动产生不良行为。因此，要提高自律能力，最根本的方法是树立正确的人生观、世界观，保持乐观向上的健康情绪。

第二，提高文化素养。一般来说，一个人的文化素养同其承受能力和自控能力成正比。文化素质比较高的人往往能够比较全面正确地认识事物，认识自我和他人的关系，自觉地进行自我控制、自我完善。

第三，稳定情绪。用合理发泄、注意力转移、迁移环境等方法，把将要引发冲动的情绪宣泄和释放出来，保持情绪稳定，避免冲动。

第四，要强化自我意识。遇事要沉着冷静，自己开动脑筋，排除外界干扰或暗示，学会自主决断。要彻底摆脱那种依赖别人的心理，克服自卑，培养自信心和独立性。

第五，要强化实践锻炼。一方面要加强学习，积累知识，开阔视野，用知识来武装和充实自己，提高自己分析问题和解决问题的水平，并通过学习别人的经验来拓展自己决断事情的能力；另一方面，要积极投身到生活实践中去，刻苦锻炼，不断丰富经验，提高自己的适应能力。

第六，要强化意志力量。要培养自己性格中坚强独立的良好品质。对自己奋斗的目标要有高度的自觉。只要你经过自己的实践认准的事，就应义无反顾地做下去，想方设法达到预期目的。

第七，要强化积极思维。俗话说：凡事预则立，不预则废。平时注意经常思考问题，增强预见性，关键时刻才能及时、果断、准确地做出选择。

自律是一种意志力，是自尊、自爱、自重的表现，它使我们选择行为的最佳方案，顺利通过一个个岔路口，并始终沿着正确的方向前进。

你自律的程度，决定了人生的高度。想要成就非凡的人生，就要有超出常人的自律能力。你要自己督促自己，认真走好你自己选定的人生之路。

管住自己，才能活成你想要的模样

自律是控制、管束自己欲望和情绪的本领。

明代有个典吏曹鼎，一次抓获了一名绝色女贼，不及回县，两人便夜宿一破庙。

不想那女贼屡以色相诱他，曹鼎自觉快要挺不住了，就用纸片写上"曹鼎不可"四字，贴在墙上警示自己。

过了一会儿，当心痒难耐时，他便把纸撕下来，可转念一想，觉得不妥，再次写，再次撕，反复十多次。一夜过去，终于挡住了诱惑。

平心而论，面对可餐的秀色，曹鼎并没做到心如止水，也有心猿意马的时候，不然那纸条何以写了撕，撕了写呢？可见他内心反复斗争的激烈程度，绝不亚于与盗贼的兵戎相见。然而，他终于保全了自己清白的名声，靠的就是自律。

"曹鼎不可"折射出来的道理，今天仍给我们以深刻的借鉴和启迪。

尤其在当今纷繁复杂的社会环境中，人间诱惑何其多！金钱美女、灯红酒绿等形形色色的诱惑随时随地都在吸引着那些意志薄弱的人。

唯有自律，才能让你在种种诱惑之中不迷失，保持自我，不忘初心，活成你想要的模样。

人，最了解的是自己，最不了解的也是自己；最易把握的是自己，最难把握的也是自己。管好自己，安全无虞；放纵自己，危险在即。

拿破仑·希尔说："一个人除非先控制了自己，否则他将无法控制别人。"

有一次，拿破仑·希尔坐车从阿尔巴尼前往纽约市。在旅程中，车上的"吸烟车厢俱乐部"中展开了讨论，而谈论的主题是如今已故的理查·克洛克先生，他当时正担任坦姆尼协会总部主席。

讨论的声音特别大，越来越尖刻，每个人都变得十分愤怒，只有一位老先生例外。他虽然也热烈地参加讨论，却一直保持冷静，而且似乎很高兴其余的人以尖刻的语言批评"坦姆尼协会之虎"。

于是，拿破仑·希尔猜测这位老先生肯定是那位坦姆尼协会主席的敌人，但事实并非如此——他是理查·克洛克本人。

他听任别人对他的批判与攻击却不动怒，不解释，正是因为他的自律。他知道借此机会正好可以了解人们对他的看法以及他的敌人的计划，所以能够控制住自己的情绪，镇定自若地听人们抨击自己。

这也许是一件极为普通的小事，但人生伟大的真理，往往隐藏在这类小事情之中——能够控制自己的人，不管做什么工作都会很出色。

已故的哈丁总统、威尔逊总统、美国收银机公司的总裁约翰·派特森等大人物都曾经受过诽谤和人身攻击。但是他们并没有浪费时间去反击或解释，因为他们懂得，与其浪费时间与精力来进行解释或反击，不如把这些时间与精力用来进一步发展自己的事业。

曾国藩一生官至两江总督、直隶总督、武英殿大学士，封一等毅勇侯，位列"晚清中兴四大名臣"之一，功绩不可谓不大。他在一生中，无论处于顺境还是逆境，都能够坚定本心，保持自律，这对他事业的成功起到了十分重要的作用。

梁启超也曾提到，曾国藩之所以取得如此大的成就，一个重要原因就在于他内心"自制之力甚难"。正是因为这难得的自律能力，才让曾国藩走上了事业的巅峰，人生的巅峰。

你想拥有怎样的人生呢？想读名校、拿到大公司的 offer、数钱数到手抽筋，还是想减肥 30 斤、练出马甲线、登上珠穆朗玛峰？

不论你的理想是什么，你都需要先学会自律。只有管住了自己，你才能去执行定下的一切计划，才能最终活成你想要的模样。

高度自律是一种怎样的体验

不知道你的周围有没有这样一种人：

闹钟响了就马上起身，绝不赖床。

说了坚持跑步就每天准时出门，绝不偷懒。

想要减肥就严格控制饮食，不再吃火锅、烤肉、蛋糕、奶茶、冰激凌。

决定要考四级就每天定量背单词。

说好了每天只看两集电视剧，就绝对不打开第三集。

……

大部分人可以在前几天做到，然后逐渐懈怠；而极少数人可以将自己的计划坚持执行下去，这样的人，就是高度自律的。

首先，一个高度自律的人，一定懂得拒绝诱惑。

我读大学的时候，课业并不忙碌，大部分学生都处于一种混日子的状态，只在期末考试之前背背老师画的重点，60分万岁。

几乎每一间宿舍都弥漫着慵懒的气息，大家愉快地玩游戏、看杂志、聊八卦，就是没有人认真学习。

我们班有个叫燕子的姑娘，是个异类。当其他女孩子都热衷于漂亮服饰和名牌化妆品的时候，她始终穿得朴朴素素，背一个学生式的双肩书包，带着保温杯，只要没课就去图书馆学习。四年时间，风雨无阻。

同宿舍的其他几个女孩子经常一起逛街游玩，但她从不参加，坚持着独来独往，日日不落地泡图书馆，风雨无阻。

有过集体生活的人都知道，周围人对你的影响是非常大的。当你处在一个人人讲吃讲穿爱玩乐的环境中，想拒绝诱惑保持努力奋斗的状态是非常困难的。

但是，即使在这种环境下，燕子依然把这种近乎顽固的自律坚持了四年。

四年以后，当其他人在忙着投简历找工作的时候，她不出意外地考上了本校的研究生。

又经过了苦行僧般的三年学习，她如愿接到了心仪外企的offer，后来事业一路顺遂，如今已经做到了公司中层。

这个世界每一天都给我们很多诱惑，用舒适和享乐吸引着我们。如果没有高强度的自律，你很难在这种种诱惑之下坚持奋斗的决心。

只有拒绝了诱惑，你才有可能沿着既定的路线继续前进，直到抵达梦想的终点。

其次，一个高度自律的人，给自己设立的目标一定是踮起脚尖够得着的。

如果你给自己设立的目标很难达到，比如每天背 100 个单词，每天跑步 10 公里，这必然是痴人说梦的，你可能连一天都不想尝试。

如果你给自己设立的目标是每天背 50 个单词，跑步 5 公里，在非常努力的情况下，你或许可以坚持三天五天。

如果你给自己设立的目标是每天背 30 个单词，跑步 3 公里，这对你来说可能就比较容易做到了，每天稍微花一点时间与精力就可以完成，不会给你造成太大的心理负担，这样你或许就可以长久地坚持下去，直到它成为你生活中的一项习惯。

自律的目的不是强迫自己去完成根本无法完成的任务，更不是要成心跟自己较劲；而是要通过一个自己可以接受的方式，来使自己一点一点变得更优秀——这才是自律的意义所在。

只有你的目标切实可行，你才能够做到自律，你的努力与拼搏才有意义。

最后，自律的人一定都有强烈的时间观念。

为什么这么说呢？

如果你决定每天看两个小时的书，自律的人一定会看满两小时，而不自律的人可能看几分钟书，起身去喝一杯水；再看几分钟书，去厨房拿块蛋糕吃；再看几分钟书，去一趟洗手间；再看几分钟书，拿出手机回信息……

你以为你看了两小时书，其实你真正看书的时间连一半都不到。

如果你决定每天看两个小时的剧，自律的人看到两小时准时关电脑，即使还差半集没看完，也会留到下次再看；而不自律的人，不仅要把余下的半集看完，可能意犹未尽接着追下去，一集、两集、三集，直到把一天时间都用光。

你问我高度自律是一种怎样的体验。高度自律就意味着你的原则是铁板一块，不可更改，有刀切斧凿的棱角，没有柔软的弹性，没有随和的弯曲。你决定了怎样做，就要怎样做，不受外界的诱惑，不受他人的影响，更不受自身惰性的驱使。

当你做到了高度的自律，你才能拥有高级的人生。

自律之前，请先学会理性思考

最近在追一部热剧《第二次也很美》，两位主演都是我非常喜欢的——王子文和张鲁一。

这部剧讲述了一毕业就结婚的全职太太安安被前夫抛弃后通过努力，为事业与爱情迎来转机的故事。

讲真，以前两集中安安作天作地的行事风格，被离婚是一点都不冤的。

为了鸡毛蒜皮的事大发脾气；一言不合就闹到老公办公室；心情不好就不分时间场合地给老公夺命连环 call……

这似乎是很多女人的通病，总结起来无非三个字——不理智。

而没有理智的安安，自然也是不自律的，比如玩游戏到半夜，任凭儿子睡在客厅沙发上；又如母子俩吃零食充饥而不肯去做一顿健康营养的饭菜；也比如一次次控制不住自己的情绪大发脾气、狂打电话，等等。

要想自律，必须先学会理智。

什么是理智？辞典里这样写道：理智是辨别是非、利害关系及控制自己行为的能力。

而生活告诉我们，理智乃于人于事的理性观察、认定和对待。我们身处的世界是个"万花筒"，我们从不停步的人生路上布满谜团。要想看清世界走好路，需要理智。

有人说，生活需要激情。是的，没有激情，就没有勇敢、创造；可是，没有理智的激情，就像无鞍镫的野马，既不好驾驭，更不可凭借它到达目的地。

又有人说，生活需要幽默。是的，没有幽默，就没有轻松、亲切、平等感；但是，没有理智的幽默，直白且肤浅，不过是一种调侃而已。

因此，在生活对于人的诸多要求中，最重要的莫过于理智。

有了理智，我们才知道该做什么，不该做什么。

理智认同的事十有八九是正确的；而理智不许做的事，都是寻常状态下不应该或不能做的事。

有了理智，我们才知道该怎么做，不该怎么做。理智能使人审时度势，扬长避短，走向成功。

而缺乏理智的人，往往凭借一时的冲动去行动，枉费了时间、精力，到头来一事无成，甚至头破血流。

有了理智，我们才能正确对待人生的各种境遇，胜不骄，败不馁。

所谓理智，就是遇事要经过思考。不能想怎么样就怎么样，爱怎么做就怎么做。没有理智和成熟思考的人，做什么事情，都只会按照自己的意愿想法，随心所欲。

理智的人们，无论是在职场，还是在日常生活中，将每一件必须完成的工作或是生活中的大事小事，都先经过大脑，进行理性的思考与规划后，才会抱着一种积极理智的心态，去完成任务。

有理智的人，绝不会在一份不可能实现的理想，或是一场看上去很美，实际上却如"水中月，镜中花"的情怀中，感情用事，全身心地投入。

一个不会理性思考的人，绝对不会是一个自律的人。因为要做到自律，首先就需要运用理性思维去判断做一件事情的对与错。应该去做的事情才会去做，不应该做的事情，即使再想做，也不会付诸行动。这才是一个真正自律的人。

周幽王为博爱妃褒姒一笑，烽火戏诸侯，那300里的烽火虽映出了美人与天子片刻开心妩媚的欢颜，却燃起了诸侯窝心之火。于是，犬戎挥师入侵，诸侯反戈不臣，葬送了西周的大好江山。

周幽王烽火戏诸侯的行为，自然是不理智的，当然也是不自律的。一个自律的君王，会将国家大事放在首位，绝不会为了一个妃子而让自己的国家与臣民陷于危险的境地，因为他懂得作为一个帝王的责任所在，也能约束自己的行为，让自己履行这种责任。

要想做到自律，就要先学会理性思考，不能感情用事。

那么，究竟该如何培养自己的理性思考能力呢？

第一，拒绝感情因素对自己思考与决定的影响。

感性与理性之间存在对立且不可调和的矛盾关系，要想培养理性思考的能力，就必须避免受到感情因素的影响。

举个例子：女儿参加了舞蹈比赛，而父亲是这场比赛的评委之一。从感情角度考虑，每个做父母的都会认为自己的孩子是最棒的，如果就此给女儿打最高分，显然是不理智的；从理性角度考虑，就要考查女儿的舞蹈动作是否标准到位，是否有跟上节拍，等等，再综合打分。

而在处理此类事件的时候，是一定不能感情用事的。那样不仅对其他选手不公平，也让女儿无法了解自己的真实水平，不知道自己哪些方面需要改进，今后也就很难有大的提高；更会让自己背上以权谋私的骂名。

这个时候，必须要弃感情因素，从专业角度去加以考查与判别，给出公正合理的分数。

第二，在情绪激烈的时候不做决策，不采取任何行动。

曾在报上看到过两起发人深省的案件。

一个是因为弟弟争摊位"吃了亏"，哥哥来帮忙，结果却用刀捅死了人；一个是弟弟在舞厅与人发生纠纷，哥哥前来帮弟弟出气，将对方杀死。

虽然，兄弟之间有难同当，有福同享，不讲条件，相互帮助，是中国人的优良传统，但关键的问题是：哥哥该如何照顾弟弟？兄弟之间该如何相互帮助？

本来是件小事，哥哥却为了表现自己对亲情的重视，竟激化矛盾，结果没有帮上兄弟的忙，反而害了他；本来可以通过正常渠道，维护弟弟的利益，却为了表现做兄长的勇气，将弟弟带上险路，结果害人害己。

这就是在情绪激烈的时候采取决策与行动的典型例子，不仅无法妥善解决好问题，反而造成了更为严重的后果。

理智是一个人心理成熟的标志和心灵智慧的体现。聪明人的聪明之处，就在于能够用理性来思考人生，用理性思考来控制情绪，用理性思考来驾驭行为。

学会了理性思考，你才能判断什么是对的，什么是错的，什么事该做，什么事不该做。进而要求自己做正确的事情，做应该做的事情，你才有可能成为一个自律的人。

知道自律很重要，为何就是做不到

之前在网上看到了一位清华学霸的每日计划表，它是清华大学校史馆举行的"清华大学优良学风档案史料展"中的一件展品。

计划表中密密麻麻地记录了这位本科学生每日的学习计划和进程，精细到起床时间、上课时间、社团活动时间、三餐时间、健身时间，等等，从早晨6点到凌晨1点，所有时间都被安排得满满当当。

可能有人会说：制订计划谁不会？他真的有按照计划执行吗？

是的，他真的有按照计划分毫不差地执行，而且坚持了整整四年。

据了解，这位学生来自一个贫困落后的地区，是当年的市级高考状元。他的家庭经济水平并不好，刚上大学的时候，甚至每顿只吃两个馒头充饥，为此还被同学开过玩笑。

但是他靠着自己的勤奋与自律，连续四年获得一等奖学金，学习成绩一直保持在全院前三名。

大四毕业之前，他就已经被某央企作为特殊人才予以聘用，成为该企业的储备干部。

可能很多人都曾为自己制订过大大小小的计划，学习计划、读书计划、健身计划、减肥计划，等等，不一而足。而大部分计划，都在执行了一段时间之后被搁置。所以他们成绩依然不好，读书依然不多，身材依然很差……

每个人都嚷着"我要自律"，然而真正做到的人微乎其微。所以优秀的人总是极少数，大部分人终其一生都只能做个"战五渣"。

你当然知道自律很重要，可你就是做不到。

"我能怎么办呢？我也很绝望啊！"再配上一个摊手的表情包，完美。

于是，你嬉笑着放任了自己的不自律。

其实自律没有你想的那么难，也不需要经历头悬梁锥刺股的切肤之痛。

首先，你必须提高自己的认知水平，端正心理动机。

根据国内外心理学家的研究，不少犯罪（尤其是青少年犯罪）最显著的心理特征就表现为缺乏自律性。而相反，历史上那些仁人志士却能克己奉公、临危不惧、视死如归，表现出高度的自律性。这说明认知水平、动机水平，会影响一个人的自律水平。

那么，认知、动机是怎样影响自律的呢？

比如说，你第一次上讲台，第一次做报告，第一次参加战斗……如果你想的是："我如果讲话出差错，人们该怎样笑话我呀！"或者是："假如一上阵就被子弹击中，那还谈什么立功受奖呢？"这样的思想活动所隐含的动机就是如何表现自己，如何取得个人的荣誉。这样的话，一旦遭遇挫折，你就很容易失去自控能力。

相反，如果你想到的是：我不能误人子弟，一定要把课上好；或者是，我做报告，只不过将大家的经验做一总结，进行交流；或者是，我是为正义而战。这样的思想活动所隐含的动机是高尚的、积极的、达观的，这样，你就会较少受消极情绪的影响，做到高度的自律。因此，正确地认识自己、正确地认识行动的意义，对培养自律来说具有十分重要的作用。

其次，培养自律必须有针对性。

就是说，你要针对自己的某种弱点、某种行动中的消极心理活动来训练。要培养自律，应当先对自己做一番深刻剖析，找出自己在活动中常犯的错误和毛病，然后选择适当的训练方法，通过训练在实际活动中将其予以矫正。

下面我来简要介绍几种切实可行的训练自律能力的方法，你可以在日常的学习、工作和生活中试着加以运用。

第一，自我暗示。

积极的自我暗示的作用在于使自己获得信心，进而提高自律能力。但是，消极的自我暗示却正好相反。

自我暗示最好在似睡非睡的状态下进行。在你从事紧张活动之前，使自己进入安静舒适、昏昏欲睡的松弛状态，然后反复默念一些建立信心，给人力量的话，具有很好的作用。

第二，自我激励。

无论做什么事情，全靠自觉。自觉往往是指自己主动地开展某种活动，采取某种行动，而不需要他人的督促。怎样才能获得一种动力去积极行动呢？这就要学会自我激励。

自我激励即自己给自己提出任务，自己给自己奖惩，自己命令自己，自己做自己的司令员、指挥员。

自我激励的方式有以下几种：一是制订切实可行的计划，安排好必须做好与可做可不做的事情，然后给自己做出奖惩规定；二是写出座右铭，时时勉励自己；三是常写日记，在日记中进行自我监督；四是口头命令。每当遇到困境或身临危机之时，要学会自己指挥自己。通过口头命令，可以组织自身的心理活动，获得精神力量。

在很多时候，一个人不是因为优秀才做到自律，而是因为做到了自律，才逐渐变得优秀。

即使你没有很高的起点，即使你没有优越的条件，只要能够长久地保持自律，一点一滴进步，总有一天全世界都会为你让路。

如果你已经知道自律很重要，我希望你真的可以做到。

第八章
在最黑的夜，才能看见最美的星光

　　成长的道路不会一马平川，你要爬过高山，也会陷入低谷；你要穿越林海，也要跨越雪原；你会遇见最黑的夜，也会遇见最灿烂的骄阳。

　　当你遭遇挫折，当你面临困苦，不要惊慌，也不必沮丧。因为在最黑的夜晚，才能看见最美的星光。

给命运一耳光，才是强者的模样

不知道这个世界上有没有人一生顺遂，不遭波澜，不遇坎坷。但至少我见过的每一个人，都经历过一些或大或小的低谷，一些或长或短的苦难时光。

无一例外的，他们都凭着自己的努力，艰难地爬出低谷，或走上所谓的人生巅峰，或过上平淡美满的幸福生活。

毕竟，你来人间一趟，不能让自己出尽洋相。在舞台上摔倒固然丢脸，但你依然要坚强地爬起来，优雅体面地谢幕。

很多年前读过一本林肯的传记。他家境普通，童年生活暗淡无光，长大后因为寒酸的衣着一直受到别人的讥讽与欺侮。挫折与打击几乎贯穿了他整个一生——

1816 年，他们全家人被赶出了居住的地方，那年他还只有 7 岁。

1818 年，年仅 9 岁的他永远失去了母亲。

1831 年，他经商失败。

1832 年，他竞选州议员没有成功。同年，他的工作也丢了，想就读法学院，但又没有考上。

第八章 在最黑的夜，才能看见最美的星光

1833 年，他向朋友借了一些钱，再次经商，但当年年底就破产了。此后，他花了 16 年的时间才把欠债还清。

1834 年，他再次竞选州议员，这次命运垂青了他，他赢了！

1835 年，他订婚后即将结婚时，未婚妻却不幸离世。

1836 年，精神完全崩溃的他，卧病在床 6 个月。

1838 年，他争取成为州议员的发言人，没有成功。

1840 年，他争取成为选举人，没有成功。

1843 年，他参加国会大选，没有成功。

1847 年，他作为辉格党的代表，参加了国会议员的竞选，获得了成功。

1848 年，他寻求国会议员连任，没有成功。

1849 年，他想在自己的州内担任土地局长的工作，但被拒绝了。

1854 年，他竞选美国参议员，没有成功。

1856 年，他在共和党的全国代表大会上争取副总统的提名，但得票不到 100 张。

1858 年，他再度竞选美国参议员，还是没有成功。

1860 年，他终于当选美国总统。

林肯是美国第十六任总统，也是美国历史上最伟大的总统之一，但他更是一个从种种坎坷与不幸中走出来的坚强的人。

林肯当选总统是对南方奴隶制的一个致命打击。反对派为挽救奴隶制，在南部七个蓄奴州宣布成立"美利坚诸州同盟"，并组建军队制造分裂。

林肯正式就职才 1 个多月，南部同盟就炮轰萨姆特要塞，向林

肯发起了挑战。

6月29日，林肯召开内阁会议，会议决定在7月21日于马纳萨斯与叛军决战。联邦军由于指挥不力而被叛军打败。

10月下旬，联邦军在包尔斯再次被叛军打败。

虽然联邦军接连失败，但并未动摇林肯镇压叛乱的决心。1862年2月下旬，林肯命令联邦军分三路向叛军进攻。联邦军在西线和南线都取得了进展，而东线却遭到惨败，使华盛顿直接暴露在叛军的威胁下。

战争的失利引起了人民的不满，要求林肯采取措施，扭转战局。

在人民的推动下，1862年林肯政府先后公布了《宅地法》和《解放黑人奴隶宣言》。获得土地的农民和获得解放的奴隶，纷纷拿起武器，投入到反对叛乱的斗争行列之中，使战争的有利因素在1863年7月转到联邦军方面。

1863年，林肯为了分化南方，着手制订重建南方的计划。1864年美国进行总统选举活动，林肯再次被选为总统。

林肯的奋进之路充满坎坷。从一个农民成长为一个总统，他付出了常人难以想象的代价……但是他从未停止前进，他以自己独特的领导方式，保全了美国，解放了黑奴，成为美国最伟大的总统之一。

有人曾为林肯做过统计，说他一生只成功过3次，但失败过35次，不过第3次成功使他当上了美国总统。事实也的确如此。而最终使他得到命运的第三次垂青，或者说争取到第三次成功的，正是他的坚强与执着。

在他竞选参议员落选的时候，他就说过："此路艰辛而泥泞，我一只脚滑了一下，另一只脚因而站不稳。但我缓口气，告诉自己，这不过是滑一跤，并不是死去而爬不起来。"

第八章　在最黑的夜，才能看见最美的星光

不停地超越苦难，在屡败之后还能屡战的人，是值得我们尊敬的。

谈到"屡败屡战"这句话，怎么也绕不过晚清的曾国藩。这个进士出身的文人，于1852年奉命回湘办团练，团练初具规模后的前几年，他做得最多的事就是打败仗。

从1854年练成水陆师出征，到1860年兵败羊栈岭，曾国藩可谓一败再败。小的败仗不计其数，大的惨败就有四场：1854年湘军初征就在岳州被太平军打得落花流水；1855年在江西鄱阳湖全军覆没，连自己乘坐的船也被抢走；1858年，部将李续宾率部血战三河镇，6000兵勇无一生还，三湘大地处处缟素；1860年，李秀成破羊栈岭，曾国藩在60里外的大营中写好遗书、帐悬佩刀，以求一死，好在李秀成主动退兵了。

就像凤凰从烈火中涅槃，这个被满族大臣们讥笑为"屡战屡败"的常败将军曾国藩，最终用他"屡败屡战"的勇气与决绝，打到南京，用行动证明了自己是一个强者。

能不费多大曲折就取得成功的事，算不上大事。举凡强者，必有异于常人之大事业。而世间能称为大事的事，岂可轻而易举？好事多磨，不经过九曲十八弯，没有"屡败屡战"的勇毅，几乎没有可能成为强者。

充满传奇色彩的美国石油大王洛克菲勒在他的一生中，经历过无数的打击与挫折，如果他没有选择屡败屡战而是选择放弃，那他就不会成为后来的"石油大亨"了。

美国的史学家们对洛克菲勒百折不挠的品质给予了很高的评价："洛克菲勒不是一个寻常的人，如果让一个普通人来承受如此尖刻、恶毒的舆论压力，他必然会相当消极，甚至崩溃瓦解。然而洛克菲勒却可以把这些外界的不利影响关在门外，依然全身心地投入他的

垄断计划中，他不会因受挫而一蹶不振。在洛克菲勒的思想中不存在阻碍他实现理想的丝毫软弱。"

你来人间一趟，别让自己出尽洋相，用尽全力甩给命运一个响亮的耳光，才是强者应有的模样。

就算穷途末路，你也不能认输

曾经在《读者》杂志上看到过一个惊心动魄的故事：

> 罗伯特和妻子玛丽经过千难万险终于攀到了山顶。站在山顶上极目眺望，远处城市中白色的楼群在阳光下变成了一幅画。仰头，蓝天白云，柔风轻吹。两个人高兴得像孩子，手舞足蹈，忘乎所以。
>
> 对于终日劳碌的他俩来说，这真是一次难得的旅行。
>
> 乐极生悲正是从这个时候开始的。
>
> 罗伯特忽然一脚踩空，高大的身躯打了个趔趄，随即向万丈深渊滑去。周围是陡峭的山石，没有手可以抓的地方。
>
> 短短的一瞬，玛丽就明白发生了什么事情，下意识地，她一口咬住了丈夫的上衣，当时她正蹲在地上拍摄远处的风景。同时，她也被惯性带向崖边，在这紧要关头，她抱住了崖边的一棵树。

第八章　在最黑的夜，才能看见最美的星光

罗伯特悬在空中，玛丽牙关紧咬，你能相信吗？两排洁白细碎的牙齿承担了一个高大魁梧的身体的全部重量。

他们像一幅画，定格在蓝天白云大山峭石之间。玛丽的长发像一面旗帜，在风中飘扬。

玛丽不能张口呼救，一小时后，过往的游客救了他们。而这时的玛丽，美丽的牙齿和嘴唇早被血染成了鲜红色。

有人问玛丽为何能挺那么长时间，玛丽回答："当时，我头脑里只有一个念头：我一松口，罗伯特肯定会死。"

几天之后，这个故事像长了翅膀一样飞遍了世界各地。

生活中，我们都曾遭遇过各种各样的不幸，或许你暂时无力走出低谷，但只要坚持下去，咬紧牙关不放弃，就终会迎来转机。

就算穷途末路，你也不能认输。只要你不认输，就永远都有翻盘的机会。

希拉斯·菲尔德先生退休的时候已经积攒了一大笔钱，然而这时他又突发奇想，要在大西洋的海底铺设一条连接欧洲和美国的电缆。

随后，他就全身心地开始推动这项事业。

前期基础性的工作包括建造一条 1000 英里长、从纽约到纽芬兰圣约翰的电报线路。

纽芬兰 400 英里长的电报线路要从人迹罕至的森林中穿过，所以，要完成这项工作不仅包括建一条电报线路，还包括建同样长的一条公路。此外，还包括穿越布雷顿角全岛共 440 英里长的线路，再加上铺设跨越圣劳伦斯海峡的电缆，整个工程十

分浩大。

菲尔德使尽浑身解数，总算从英国政府那里得到了资助。然而，他的方案在议会遭到了强烈的反对，在上院仅以一票多数通过。

随后，菲尔德的铺设工作就开始了。

电缆一头拉在停泊于塞巴斯托波尔港的英国旗舰"阿伽门农"号上，另一头放在美国海军新造的豪华护卫舰"尼亚加拉"号上相对而开。不过，就在电缆铺设到 5 英里的时候，突然被卷到了机器里面，被弄断了。

菲尔德不甘心，进行了第二次试验。

在这次试验中，在铺好 200 英里长的时候，电流突然中断了，船上的人们在甲板上焦急地踱来踱去，好像死神就要降临一样。

就在菲尔德先生即将命令割断电缆，放弃这次试验时，电流突然又神奇地出现，一如它神奇地消失一样。

漆黑的夜里，船以每小时 4 英里的速度缓慢航行，电缆的铺设也以每小时 4 英里的速度进行着。

这时，轮船突然发生了一次严重倾斜，制动器紧急制动，不巧又拉断了电缆。

菲尔德并不是一个容易放弃的人。他又订购了 700 英里的电缆，而且还聘请了一个专家，请他设计一台更好的机器，以完成这么长的铺设任务。

后来，英美两国的技术专家联手才把机器赶制出来。

最终，两艘军舰在大西洋上会合了，电缆也接上了头；随后，两艘船继续航行，一艘驶向爱尔兰，另一艘驶向纽芬兰，结果它们都把电线用完了。

第八章　在最黑的夜，才能看见最美的星光

两船分开不到 3 英里，电缆又断开了。待再次接上后，两船继续航行，到了相隔 8 英里的时候，电流又没有了。电缆第三次接上后，铺了 200 英里，在距离"阿伽门农"号 20 米处又断开了，两艘船最后不得不返回爱尔兰海岸。

参与此事的很多人一个个都泄了气，公众舆论也对此流露出怀疑的态度，投资者对这一项目也失去了信心，不愿再投资。

这时候，如果不是菲尔德先生百折不挠的精神，不是他天才的说服力，这一项目很可能就此放弃了。菲尔德抱着必胜的信心，继续为此日夜操劳，甚至到了废寝忘食的地步。他绝不肯认输。

于是，第三次尝试又开始了，这次总算一切顺利，全部电缆铺设完毕而没有任何中断，几条消息也通过这条漫长的海底电缆发送了出去，一切似乎就要大功告成了，但突然电流又中断了。

这时候，几乎所有人都感到绝望。

但菲尔德始终抱有信心，正是由于这种坚持不懈的毅力，他最终又找到了投资人，开始了新的一次尝试。

他们买来了质量更好的电缆，这次执行铺设任务的是"大东方"号，它缓缓驶向大洋，一路把电缆铺设了下去。

一切都很顺利，但最后在铺设横跨纽芬兰 600 英里电缆线路时，电缆突然又折断了，掉入了海底。他们打捞了几次，但都没有成功。于是，这项工作就耽搁了下来，而且一搁就是一年。

菲尔德没有被这一切困难所吓倒。他又组建了一个新的公司，继续从事这项工作，而且制造出了一种性能远优于普通电缆的新型电缆。

1866 年 7 月 13 日，新一轮试验又开始了，并顺利接通，发出了第一份横跨大西洋的电报！

电报内容是："7 月 27 日。我们晚上 9 点到达目的地，一切顺利。感谢上帝！电缆都铺好了，运行完全正常。希拉斯·菲尔德。"

不久以后，原先那条落入海底的电缆被打捞上来，重新接上，一直连到纽芬兰。现在，这两条电缆线路仍然在使用，而且再用几十年也不成问题。

正是不肯认输的精神，支撑着菲尔德战胜了一个又一个挫折，最终成就了非凡的事业。

就算到了穷途末路，你也不能认输，可能下一个转角处就有柳暗花明等着你。来日方长，万事皆可期待，只要不认输就有希望，只要不放弃终将创造奇迹。

你可以哭，但不能停下脚步

这个世界上，有人可以一夜长大，但没有人可以一日成才。每个看似随随便便成功的人，都曾在你看不见的地方付出了无数艰辛的努力。

有句话叫"台上一分钟，台下十年功"；也有句话说"若想人前显贵，必要人后遭罪"。

成功要靠日积月累，每天进步一点点，遇山开路，遇水架桥，自己蹚平荆棘，自己开辟道路。跌倒了要自己爬起来，可以哭，但不能停下脚步。

在 20 世纪 50 年代，日本生产的各种商品亟须摆脱劣质的国际恶名，多次请美国的企业管理大师开药方。

美国著名的质量管理大师戴明博士就多次到日本松下、索尼、本田等企业考察传经，他开出的方子非常简单——"每天进步一点点"。

日本的这些企业按照这个要求去做，果然不久就取得了质量的长足进步，使当时的"东洋货"很快独步天下。现在日本先进企业评比，最高荣誉奖仍是"戴明博士奖"。

如果你期冀成才，渴望成功，用心体味戴明博士的方法肯定会受益终生。

每天进步一点点，听起来好像没有冲天的气魄，没有诱人的硕果，没有轰动的声势，可细细地琢磨一下：每天，进步，一点点，那简直又是在默默地创造一个料想不到的奇迹，在不动声色中酝酿一个真实感人的神话。

法国的一个童话故事中有一道小智力题：荷塘里有一片荷叶，它每天会增长一倍。假使 30 天会长满整个荷塘，请问第 28 天，荷塘里有多少荷叶？

如果运用数学的方法，得出的答案是有四分之一荷塘的荷叶。假使你站在荷塘的岸边，你会发现荷叶是那样少，似乎只有那么一点点。但是，第 29 天荷叶就会占满荷塘的一半，第 30 天就会长满整个荷塘。

正像荷叶长满荷塘的整个过程，荷叶每天变化的速度都是一样的，可是前面花了漫长的 28 天，我们能看到的荷叶却只有那么一点点。这个时候，有人会等不及，会不耐烦，会想要放弃。

如果真的放弃，你就彻底输了。

在追求成功的过程中，我们必须每一天都拼尽全力去奋斗，即使进步缓慢，也不要停下脚步。

正所谓聚沙成塔，集腋成裘。大厦是由一砖一瓦堆砌而成的，比赛是由一分一分赢得的。每一个重大的成就，都是由一系列小成绩累积而成的。如果我们留心那些貌似一鸣惊人者的人生，就会发现他们的"惊人"之处并非一时的神来之笔，而是缘于事先长时间的、一点一滴的努力与进步。

成功是能量聚积到临界程度后自然爆发的结果，绝非一朝一夕之功。一个人眼界的拓展，学识的提高，能力的长进，良好习惯的形成，工作成绩的取得，都是一个持续努力、逐步积累的过程，是"每天进步一点点"的总和。

每天进步一点点，贵在每天，难在坚持。"逆水行舟用力撑，一篙松劲退千寻"。

要"每天进步一点点"，就要耐得住寂寞，不因收获不大而心浮气躁，不为目标尚远而轻易动摇，而应具有持之以恒的韧劲；要顶得住压力，不因面临障碍而畏惧退缩，不为遇到挫折而垂头丧气，而应具有攻坚克难的勇气；还要抗得住干扰，不因灯红酒绿而分心走神，不为冷嘲热讽而犹豫停顿，而应有专心致志的定力。

洛杉矶湖人队的前教练派特·莱利在湖人队最低潮时，对球队的 12 名队员说："今年我们只要求每人比去年进步 1% 就好，有没有问题？"

球员一听：才 1%，太容易了！

于是，在罚球、抢篮板、助攻、抄截、防守一共五方面每个人都有所进步，结果那一年湖人队居然得了冠军，而且是最容易的一年。

不积跬步，无以至千里。让自己每天进步1%，只要你每天进步1%，你就不必担心自己不快速成长。

在每晚临睡前，不妨自我反思一下：今天我学到了什么？我有什么做错的事？有什么做对的事？假如明天要得到理想中的结果，有哪些错绝对不能再犯？

反思完这些问题，你就会比昨天进步1%。无止境的进步，就是你人生不断卓越的基础。

你在人生中的各方面也应该照这个方法去做，持续不断地每天进步1%，坚持下来，你一定会有一个高品质的人生。

不用一次大幅度地进步，一点点就够了。不要小看这一点点，每天小小的改变，积累下来就会有大大的不同。而很多人在一生当中，连这一点进步都不一定做得到。人生的差别就在这一点点之间，如果你每天比别人差一点点，几年下来，就会差一大截。

如果你将这个信念用于自我成长上，一定会有180度的大转变。

不积跬步，无以至千里。人生恰似一场漫长的马拉松比赛，途中总有让你觉得筋疲力尽想要放弃的时候，这时你可以放慢脚步，也可以大哭一场，但即使哭泣，也不要停下脚步；即使缓慢前行，至少也有进步；只要每一天都在进步，就终将抵达梦想的终点。

你可以被打倒，但不能被打败

2019 年 11 月 24 日，徐灿击败美国"不败拳王"曼尼·罗伯斯，首次在美国卫冕金腰带。

看过拳击比赛的人都知道，赛场上有这样一条规定：被打倒以后，只要十秒钟之内能爬起来，就可以继续比赛；如果爬不起来，就判对手赢。

这是一条很有意思的规定，就像我们的人生，你可以被生活摔打得鼻青脸肿，但是只要你还有勇气有力量重新站立起来，就拥有了重新获胜的可能。

在困难与挫折面前，你可以被打倒，但不能倒地不起。

拳击赛场上，你倒地不起输的只是一场比赛；但人生的赛场上，若是倒地不起，你输掉的就是自己的整个后半生。

就像海明威的《老人与海》中圣地亚哥说的那句话："一个人并不是生来要被打败的，你尽可以把他消灭掉，可就是打不败他。"

曾经看过这样一个故事：

第八章 在最黑的夜，才能看见最美的星光

在大山深处的一个村寨里，住着一位以砍柴为生的樵夫。樵夫的房子很破败，为了拥有一所亮堂的房子，樵夫每天早出晚归。五年之后，他终于盖了一所比较满意的房子。

有一天，这个樵夫从集市上卖完柴回家，发现自己的房子火光冲天。他的房子失火了，左邻右舍正在帮忙救火。但火借风势，越烧越旺。最后，大家终于无能为力，放弃了救火。

大火终于将樵夫的房子化为灰烬。

在袅袅的余烟中，樵夫手拿一根棍子，在废墟中仔细翻找。围观的邻居以为他在找藏在屋里的值钱物件，好奇地在一旁注视着他的举动。

过了半晌，樵夫终于兴奋地叫道："找到了！找到了！"

邻人纷纷向前一探究竟，只见樵夫手里捧着的是一把没有木把的斧头。樵夫大声地说："只要有这把斧头，我就可以再建造一个家。"

当一切已经化为灰烬，只要你的梦想还在，激情还在，斗志还在，又有什么值得过度悲伤与气馁的呢？

与其终日痛哭悔恨，不如放眼未来，从头再来。我们每个人都不会真正输得精光。当无情的大火吞噬了我们的一切时，别忘了我们还有一把斧头，即使没有斧头，我们还有双手，还有智慧。我们可以从头再来！

记得高考结束后的那个夏天，我的一位好朋友失联了整整一个月。电话关机，家里没人。

她并不是没有考上大学，我从学校公布在墙上的录取榜单中看到了她被一所二本院校录取——当然，肯定是跟她的志向相距甚远的。

但她并不十分聪明，平时的成绩只能算中上，考上这个学校也在意料之中，按理说不至于失意至此。

终于联系上她，是在我即将离家去大学报到的前几天。

她找到我，聊了这一个月的经历。

原来，她带着书去乡下的奶奶家复习功课了。她准备复读。

我惊讶于她的选择，毕竟，以她一直以来的成绩，考到这所大学不算发挥失常；而且复读一年，变数太多，万一明年考试难度加大，成绩更差怎么办？

虽然明知道复读生要面临怎样的压力，她还是坚持要复读。

第二年，她如愿考上了心仪的大学。我不知道那整整一年她的经历是怎样的，但想必不会轻松愉快。

但至少结果是好的，一切都值得。

大学毕业后，她再一次经历了考研落榜——连续三年落榜。

在过去的同学朋友都已经走上工作岗位，或走入更高学府的时候，她依然在艰难地复习复习再复习。

那段时间她压力巨大，头发一把一把地掉。

二十六七岁的人，前途一片昏暗，完全看不到曙光在哪里；同龄的伙伴要么已经工作，要么已经升学，而她既没有收入，也不知道什么时候才能考上研究生，父母给零花钱都不好意思伸手去接。

第四年的时候，她终于顶不住压力，去参加了公考，考上了一个事业单位，入职工作，一切顺利。

我以为她终于肯向生活妥协了。

但是又过了一年，她竟然去考了在职研究生。

虽然单证与双证大有区别，但这毕竟是她的梦想，虽然没有完满地实现，但已经尽她所能做到了最好。

当生活一次一次给你打击，企图毁灭你的梦想，只要你倒下之后还能咬牙站起来，就不是一个失败者。

也许正是因为摔倒后能够再次站起来，67岁的大发明家爱迪生才会踩在百万资产的废墟上，面对被大火烧毁的研制工厂，乐观地说："现在，我们又重新开始了。"

歌德说："苦难一经过去就变成甘美。"

倒地以后迅速站起，你会记得之前为什么摔倒，什么地方犯了错，下次改正就不会再次跌倒。人正是在这种不断跌倒又不断爬起的过程中慢慢成长起来，从跌跌撞撞到步履坚实。

你可以被打倒，但你不能被打败。

你可以被厄运捆绑，但你不能投降。

你可以身负累累重伤，但你要知道，站起来，走下去，才有希望。

身陷逆境，多反省自己错在哪里

"为什么受伤的总是我？我到底做错了什么？"——每一个身处逆境中的人，都应该在脑海中多问自己几个为什么。

逆境之所以缠上自己，大部分的根源在于自己。

比如做生意遭了骗，根源在于自己的轻信；比如考研失利，根源在于自己学业不够精进……治病要找到病源方能对症下药，突破逆境也需要通过自省找到导致逆境的根源，方能找到突破的途径。

自省也就是指自我反省，通过自我反省，人可以了解、认识自己的思想、意识、情绪与态度。一个人如果不懂自省，他就看不见自己的问题，更不会有自救的愿望。

从来不犯错误的人是没有的，从来不犯过去曾经犯过的错误的人也是不多见的。暂且不论是不是不会重复过去曾犯过的错误，就是这种经常反省的精神也是十分可贵的。

宋朝文学家苏轼写过一篇《河豚鱼说》，说的是一条河豚游到一座桥下，撞到了桥柱子上。它不责怪自己不小心，也不打算绕过桥柱子游走，反而生起气来，恼怒桥柱子撞了它。它气得张开两鳃，胀起肚子，漂浮在水面上，很长时间一动不动。后来，一只老鹰发现了它，一把抓起了它，转眼间，这条河豚就成了老鹰的美餐。

这条河豚，自己不小心撞上了桥柱子，却不知道反省自己，不去改正自己的错误，反而恼怒别人，一错再错，结果丢了自己的性命，实在是自寻死路。

那么，人应该在什么时候反省自己呢？

孔子的弟子曾子，关于自省有一段著名的论述："吾日三省吾身，为人谋而不忠乎？与朋友交而不信乎？传不习乎？"

曾子告诉我们，每天要三次反省自己，从三个方面去检查自己的思想和言行：一是反省谋事的情况，即对自己所承担的工作是否忠于职守；二是反省自己与朋友的交往是否信守诺言；三是反省自己是否知行一致，即是否把学到的知识身体力行。

总之，要通过自省从思想意识、情感态度、言论行动等各个方面去深刻认识自己、剖析自己。

"一日三省"是一种为人处世的高标准、严要求，而"身处逆境时自省"则是做事的底线。

第八章　在最黑的夜，才能看见最美的星光

明代绍兴名人徐渭有一副对联：

读不如行，试废读，将何以行

蹶方长智，然屡蹶，讵云能智

这副对联，科学地阐述了理论与实践、失误与经验的辩证关系。上联是说实践出真知，理论指导行动。下联"蹶方长智"，蹶是指摔倒，是说不能摔倒后一蹶不振，而应"吃一堑，长一智"。

有人认为"吃一堑"与"长一智"之间存在必然性，那就错了。不是说吃一堑就一定能长一智，而是吃一堑有可能长一智。

这种可能性要转变为必然性，必须有一个条件，那就是要从失误中总结教训，积累经验，这样才能长智。如果错后不思量，不考虑如何长一智，那么同样的错误还会不断重复出现。这就是"然屡蹶，讵云能智"的精辟之处。

一个人遭受一次挫折或失败，就应该接受一次教训，增长一分才智，这就是成语"吃一堑，长一智"的道理之所在。

吾日三省吾身，为人谋而不忠乎？与朋友交而不信乎？传不习乎？

谁不是上一秒抱怨，下一秒奋起

前几天半夜接到秀儿的电话，电话那头的她有掩饰不住的哽咽声。起因是一条刷爆朋友圈的"2017年与2019年对比照"。

秀儿是我多年前的同事加闺密。2017年年初怀上二胎后夫妻双双辞职。

秀儿目前在当地一家大公司从事着专业对口的工作,业余开着两家淘宝网店,儿女绕膝,父母健在,夫妻恩爱。我以为,她很幸福。

然而,我在电话里听到的是另一个版本。

每周上六天班,每天加班到晚上八九点。回家要照顾两个孩子的吃喝拉撒,哄睡孩子已是半夜十一二点。洗把脸清醒一下,还要处理淘宝商品的上架下架修图发货。凌晨两点之前睡觉几乎是不可能的,然而早晨8点还要赶去公司上班。

父母年纪渐老,没有大病痛,却也小病不断,时时要挂心父母健康。

房贷压力巨大,两个孩子每月都需要不菲的开销,她先生回老家后也一直高不成、低不就。

生活的种种压力就这样猝不及防地一齐涌上心头,她哭着说:"为什么我的生活变成了现在这样?"

多年前也是无忧无虑笑靥如花的姑娘,不知不觉间,却已是上有老下有小,打碎牙齿和血吞的中年人。

成年人的世界没有"容易"二字,表面光鲜的背后,皆是不可为外人道的辛酸与苦楚。

第二天清晨,刷到她发在朋友圈的"加油",我才算放下心来。

人生在世,谁不是上一秒抱怨,下一秒奋起。生活对着我们迎头扣下一盆冷水,除了狠狠地骂一句,我们又能怎样呢,还不是要甩甩头继续追赶去公司的班车,还不是要擦干抹净装作精神抖擞地去见客户?

对于许许多多的普通人来说,生活中似乎都充满了抱怨和愤懑。

为什么我那么努力还是考不上研究生？

为什么我投出的简历都如同石沉大海？

为什么升职名单中永远没有我？

为什么我辛辛苦苦工作却买不起一间房子？

为什么别人的孩子可以读国际幼儿园，我的孩子只能上乡镇幼儿园？

……

很多问题是无解的，或者说，你明明知道答案，却无力改变什么。

或许你已经很努力了，可生活依旧苛待于你。你觉得失落，你觉得世道不公，甚至你感到愤怒。你约朋友大醉一场，骂骂该死的工作，吐槽严厉的领导，抱怨高企的房价，嘲笑自己万年不涨的工资。聊够了，喝醉了，各自回家，第二天洗个澡换件衣服，依然要扮演勤奋上进的好青年。

谁不是这样呢？

你的苦难、你的不幸，不过是每一个人曾经经历、正在经历，或者即将经历的。

没有谁的生活是容易的，你当然可以抱怨一切的困难与挫折，因为你需要这样一个渠道去宣泄心中的不满与愤懑。这是健康的，有益身心的。

但是抱怨过后，也请你当作什么都没有发生过，依然热气腾腾地去努力，去奋斗，去创造更加美好的人生。

网络上曾经流行过这样一句话，"一不解释，二不抱怨"。

但我想说，抱怨并没有什么可耻的，只要你不在这种抱怨中沉沦下去，仅仅将它作为调节情绪的一种方式，它就是健康合理的。只要你内心清楚自己真正应该做的是什么，前进的大方向不改变，在途中偶尔歇歇脚喘口气又有什么关系呢？

人生如此漫长，我们都不是圣人，不是神仙，做不到时时刻刻端正心态，做不到时时刻刻"伟光正"。

我们不过是一具具肉体凡胎，有喜怒哀乐，有七情六欲，这才是人。我们不必刻意约束自己时时刻刻保持积极向上的心态，更不必嘲笑别人"怨天尤人"。

生活已然如此艰难，难道我们连抱怨一句的权利也要被剥夺吗？

只要你的抱怨止于宣泄与调节情绪，发泄完了，心里爽了，该上学上学，该上班上班，继续为祖国做贡献，你就依然是一个根正苗红的好青年。

满怀希望，才能所向披靡

读鲁迅的《墓碣文》，里面有这样一句话："于浩歌狂热之际中寒；于天上看见深渊。于一切眼中看见无所有；于无所希望中得救。"

正是对国家前途与命运怀抱希望，才让无数仁人志士于敌强我弱的形势下奋勇抗敌，谱写了感天动地的英雄赞歌。

国家如此，个人更是如此。只有满怀希望，才能无惧前路上的一切坎坷与挫折，踏平荆棘，走向辉煌。

第二次世界大战期间，一个多云阴暗的午后，英国小说家

第八章　在最黑的夜，才能看见最美的星光

西雪尔·罗伯斯照例来到郊外的一个墓地，拜祭一位英年早逝的文友。就在他转身准备离去时，意外地看到文友的墓碑旁有一块新立的墓碑，上面写着这样一句话：

全世界的黑暗也不能使一支小蜡烛失去光辉！

炭火般的语言，立刻温暖了罗伯斯忧郁的心，令他既激动又振奋。

罗伯斯迅速从衣兜里掏出钢笔，记下了这句话，他以为这句话一定是引用了哪位名家的名言。

为了尽早查到这句话的出处，他匆匆地赶回公寓，认真地逐册逐页翻阅书籍。可是，找了很久，也未找到这句名言的来源。

于是，第二天一早他重新回到墓地。从墓地管理员那里得知，长眠于那个墓碑之下的是一名年仅 10 岁的少年，在前几天德军空袭伦敦时，不幸被炸弹炸死。少年的母亲怀着悲痛，为自己的儿子做了一个墓，并立下了那块墓碑。

这个感人的故事令罗伯斯久久不能忘怀，一股澎湃的激情促使罗伯斯提笔疾书。很快，一篇感人至深的文章从他的笔尖流淌出来。

几天后，文章发表了。故事转瞬便流传开来，如希望的火种，鼓舞着人们为胜利而迈开前行的脚步。

许多年后，一个偶然的机会，还在读大学的布雷克读到了这篇文章，并从中读出了那句话的深刻含意。布雷克大学毕业后，放弃了几家企业的高薪聘请，毅然决定随一个科技普及小组去非洲扶贫。

"到那里，万一你觉得天气炎热受不了，怎么办？非洲那

里闹传染病，怎么办？"面对亲友们的劝说，布雷克很坚定地回答："如果黑暗笼罩了我，我绝不害怕，我会点亮自己的蜡烛！"

一周后，布雷克怀揣着希望去了非洲。

在那里，经过布雷克和同伴们的不懈努力，用他们那点点烛光，终于照亮了一片天空，并因此被联合国授予扶贫大使的称号。

蜡烛虽纤弱，却有熠熠的光芒围绕着它，用它那点点的烛光，照亮我们内心的天空，使我们不懈地努力，去追求远大的目标。

假如世界变得昏暗，那是因为你自己心中不够灿烂；假如你觉得孤单，那是因为你关闭了心灵的窗户。

当你梦想破灭的时候千万不要灰心，因为有时候这只是预示另一个希望正向你招手，聪明的人就会抓住它。

19世纪中期，美国西部掀起一股淘金热潮，大做"淘金梦"的人从世界各地会聚到此，一个名叫李维·施特劳斯的德国人，也千里迢迢跑到加利福尼亚州试运气。

但是，李维·施特劳斯的运气似乎相当差，尽管拼命淘金，几个月下来却没有任何收获，使他懊恼地认为自己和金子没缘分，准备离开加州到别的地方另谋生路。

就在他万分沮丧之际，猛然发现一个现象，那就是所有淘金客的裤子由于长期磨损而破旧不堪，于是，他灵机一动："并不是非得靠淘金才能发财致富，卖裤子也行啊！"

李维·施特劳斯立即用剩下的钱买了一批褐色的帆布，然

第八章 在最黑的夜，才能看见最美的星光

后裁制成一条条坚固耐用的裤子，卖给当地的淘金客，这就是世界上的第一批牛仔裤。

后来，李维·施特劳斯又细心地将牛仔裤的质料、颜色加以改变，缔造了风行全世界的"李维斯牛仔裤"。

如果说坚持是一次美德，那么放弃是一种智慧。放弃不是认输，而是易地再战。

美国著名漫画家罗勃·李普年轻时热衷体育运动，最大的梦想是成为大联盟职业棒球明星。可是，当他如愿以偿跻身大联盟时，第一次正式出赛就摔断了右手臂，从此与棒球绝缘。

对罗勃·李普来说，这无疑是人生最残酷的打击。

然而，他很快就摆脱了失败的噩梦，转而学习运动漫画，弥补自己的缺憾。

李普抱着不能成为棒球明星，便在报纸上画运动漫画的决心，最后终于成为一流的漫画家，以"信不信由你"专栏风靡全球。

后来，李普常常告诉朋友，自己在第一场比赛中就摔断右手臂，不是"悲惨的结局"，而是"幸运的开端"。

倘若你所选择的"淘金"之路走到了尽头，梦想破灭了，千万不要过度失望，更不要就此消沉下去。你应该像罗勃·李普一样，把失败当作"幸运的开端"，而不是"悲惨的结局"，树立新的目标，打起精神再次上路。如此，你也能在其他领域获得最后的胜利。

当你在人生旅途上尝到失败的苦果，千万不能就此意志消沉，

一蹶不振，应该更加警惕，勉励自己乐观豁达。

那些让你跌倒的绊脚石，也可能变成你迈向成功的垫脚石，主要看你遭遇挫折与失败之后如何面对往后的人生。

而你必须满怀希望，才能所向披靡。

人间值得，未来可期

现在，不知道"本田"的人恐怕不多，从本田摩托到本田汽车，它们奔跑在世界的各个角落，给人们带来了便利的同时，也带来了速度、激情和快乐。

本田公司是世界上最大的摩托车生产厂家，汽车产量和规模也进入世界十大汽车生产厂家之列。而本田之所以会有今天的成就，必须感谢本田的创始人——本田宗一郎。正是在这个天才发明家的带领下，本田才不断地前进，一直走到世界领先地位，有了今日的光荣。而本田宗一郎更是成为整个日本的传奇人物，被称为"日本的福特"。

本田公司总部在东京，雇员总数超过十万。现在，本田公司已是一个跨国汽车、摩托车生产销售集团。它的产品除汽车、摩托车外，还有发电机、农机等动力机械产品。

在美国设立的本田分公司，1991年在美国汽车市场上的销量已超过克莱斯勒汽车公司而名列第三。本田的雅阁和思域汽车历年来被用户评为质量最佳和最受欢迎的汽车。在欧洲，本田也在英国建立了分公司。

本田公司由本田宗一郎于1948年创立，至今拥有470项发明和150多项专利。创始人本田宗一郎被现代工业界誉为"亨利·福特以来唯一的最杰出、最成功的机械工程企业家"。

本田宗一郎1991年8月5日逝世，享年85岁。生前，在谈到成功秘诀这一话题时，他常挂在嘴边的话是："九十九次失败后必将在最后一次取得丰硕成果。"

1937年，31岁的本田宗一郎成功地制造出了活塞环。这一年，丰田汽车工业公司成立，以生产卡车为主。

本田宗一郎给自己的公司起名为"东海精密机械公司"，简称"东海精机"。东海精机活塞环的主要买主就是丰田汽车工业公司。

二战后，本田宗一郎将自己拥有的股份全部卖给了丰田。资金到手后，他曾考虑过干一番事业。但当时社会一片混乱，几乎所有物资都受美国占领军控制，若贸然行事必遭失败。

本田宗一郎又从零开始，准备搞纺织机器。他盖了座160平方米的房子，并挂起了"本田技研所"的牌子，着手改良织布机。但是，很快就陷入了僵局。由于投资太大，卖股份所得的那笔资金已所剩无几了，而新织布机还没试制出来。

他于是想到了汽车，但汽车比织布机更费资金。

他又想到了摩托车。

当时，陆军通信设备上的微型发动机已经派不上用场了，都堆在仓库里。本田宗一郎得知这一消息后，廉价把它买来，作为动力安装到自行车上。

当时交通十分混乱，火车和公共汽车又少又拥挤。被称为"吧嗒吧嗒"的机动自行车，虽然开动起来响声震耳，黑烟直冒，但仍然很畅销。顾客从各地蜂拥而来，产品供不应求。

虽然发动机和自行车的形状、颜色都不尽相同，用白铁皮精心做成的汽油罐却十分精致。不到 10 人的技研所，可月产 300 辆机动自行车。

"吧嗒吧嗒"的月产量后来增到 700 辆，微型发动机不够用了，他们就开始自己制造。

这时，一位名叫河岛喜好的专科毕业生，加入了宗一郎的公司。几十年后，就是他接替本田宗一郎，出任了本田技术研究工业总公司董事长。

但是，随着规模的扩大，困难也接着来了。不仅是资金缺乏的问题，还有技术上的困惑。在自行车后轮上装一个发动机的机动自行车，发动机性能很好，车子的耐用性却很差，不少人前来索赔。

真是四面楚歌，公司每天都面临倒闭的危险。

最急的当然要数本田宗一郎了，何况问题就出在技术方面。

他于 1948 年 9 月正式组建了"本田技术研究工业总公司"，揭开了研制与生产真正意义上的摩托车的序幕。

1951 年 7 月，"理想号"摩托车横空出世，完成了从机动自行车到摩托车的质的飞跃。

形势看上去不错，但是考验接踵而至。

1954 年，因为本田宗一郎决策失误，向银行借贷巨款，而市场的变化使得投资效益无法立即得到实现，公司负债沉重，生产资金短缺。同时，"理想"等型号摩托车的质量问题引起消费者不断投诉，销售额直线下降。

这时，本田宗一郎临危不惧，他让藤泽借来大笔优惠贷款，自己则把全部精力放在改进"理想号"上，几乎到了痴迷的地步。

有次他在睡梦中忽然想出了一个新的技术方案，醒来赶忙记录下来，天不亮就去试验，结果竟真的成功了！为此，他和藤泽都激动得哭了！

事后，宗一郎感慨万分："人没有刺激和压力就不会进步的，困难、痛苦时的智慧才是最可贵的！"

就是在这种动力的支持下，他不顾同行的蔑视和嗤笑，参加了 1959 年世界最高水平的摩托车 TT 赛，惨败却不灰心，不断地改进技术，终于在 1958 年的 TT 赛上获得了第 6 名，在 1961 年的赛事上获得了冠军，在 1966 年更是创造了奇迹，垄断了 4 个级别组的世界优胜奖，包揽了赛程的前 5 名。

至此，他从传统摩托车强国意大利、德国手中夺取了市场，奠定了"本田"家族的盛名和地位。

尽管已取得了相当大的成功，但摩托车并不能使宗一郎满足，因为汽车才是他最终的目标。

1961 年，他开始研制高性能赛车，并准备参加世界汽车业最高水平的 F1 大赛。尽管没有像提出参加 TT 大赛时那样遭人冷眼，但人们仍说："摩托车虽有了点成绩，汽车可就不同了，本田行吗？"

第一次参赛，结果十分糟糕。宗一郎并不气馁，他分析不是发动机不好，而是经验不足。他鼓励大家说："九十九次失败后，必将在最后一次取得丰硕成果。"

1965 年，本田赛车在欧洲赛程顽强拼搏，终于赢得了胜利。这一胜利，意味着日本的汽车制造技术已经跨入世界先进行列。

任何成功的人在获得成功之前，鲜有不遭遇失败的。

爱迪生在历经一万多次失败之后才发明了灯泡，而沙克也是在试用了无数介质之后才培养出了小儿麻痹疫苗。

你必须知道，你正在经历的种种不幸终将过去，黎明前的时刻最黑暗，熬过去，就能迎来曙光。

前途光明，未来可期，暂时的困难与挫折仅仅是成功之路上的一小段隧道，虽然黑暗，但不漫长。多走几步，就能看见出口。

第九章
山河漫漫，引你向前

人生，再遥远的梦想，再强大的阻碍，都敌不过"努力"二字。

努力可以让你战胜困难，努力可以让你获得成功，努力也可以让你成就更美好的自己。

既然不甘落后，就请努力进取

曾经听朋友楠楠讲过她的一段亲身经历：

楠楠毕业以后进入一家中等规模的企业，每天按部就班地工作，虽然没有特别突出的表现，但也没犯过什么错。总之就是一个老老实实、规规矩矩的女孩子。

她在那家企业一做就是三年，同期进公司的同事，有的升了职，有的跳槽去了更好的单位，但她依然只是公司最基层的行政文员。

有一天在电梯里，她遇到了公司老总，于是上前打招呼。

老总微笑着对她说："我好像没有见过你，你是刚进公司的新员工吧？好好努力，我期待你的表现。"

听了这话，楠楠心里有些五味杂陈。自己在公司工作这么久，却从没引起过领导的注意，已经俨然成了一个隐形人。

从那以后，楠楠像是变了一个人，不再安于现状，而是更加勤奋努力，主动承担别人不愿意做的复杂工作，深度钻研业务，不懂就问。

半年以后，她已经成了部门的核心成员，经理的左膀右臂。

又过了半年，原行政部经理升任总监，向高层领导力荐她接任行政部经理一职。

人生很多时候就是这样，如果你甘于平庸，就真的会一辈子平庸下去；如果你不甘落后，那么努力一下也可以给人生创造一个转机。人生的平淡或是辉煌，全在于自己的选择与努力。

由此，我不禁想起了毛遂自荐的故事：

秦军围攻赵国的都城邯郸，平原君去楚国求救，他门下的食客毛遂主动请求一同前去。

毛遂平时表现平平，从未引起过平原君的注意。这次是实在没有合适的人选，抱着死马当作活马医的想法才答应了带毛遂一同前往。

到了楚国，毛遂机智勇敢地挺身而出，分析局面，陈述利害，才使楚王同意派兵去救赵国。

毛遂之所以立下大功，留名青史，就在于他在关键时刻勇于进取。如果他像往常一样藏于人后默不作声，恐怕当时赵国就难逃亡国的命运。覆巢之下无完卵，赵国的千万子民以及毛遂本人，或许也会惨遭屠戮，性命难保。

在关键时候，勇于进取不仅可以挽救自身，更可以挽救国家民族于危亡时刻。

当然，在和平年代，在我们的日常生活中，或许并不需要民族大义去激励我们努力进取。但是，即便是对于我们的人生来讲，努力进取的意义也是十分重要的，小到可以让你的学业或事业更上一层楼，大到可以改变你的前途与命运。

记得上大学时，班里有一位同学，也许是来自农村的原因吧，给人的第一印象是其貌不扬，衣着不整，普通话也不标准。但他一直努力进取，从来不肯放过任何一个提升自己的机会。

我经常看见他风尘仆仆地去参加各类英语演讲活动，从他那神采奕奕、自信的眼神里看出成绩肯定不错。后来听同学们说，他居然每次都能获奖。

记得毕业时，他多次往系主任家里跑，主动和系主任交流，并且在不懂英语的系主任面前大使"杀手锏"，终于，系主任被他的真诚和才华感动了，挥笔给他写了推荐信，最后，他被南方一所大专院校录用，成为一名老师。

后来，听说他读了在职研究生，又评上了副教授。

这位同学从一个农村来的穷小子一步一步走到今天的地位，正是因为他不甘落于人后，凭借自己的进取精神，不懈努力，顽强拼搏，实现了草根逆袭的励志人生。

如果你不甘落后，你就要努力进取。

只有努力，你才能取得进步；只有努力，你才能有所收获；只有努力，你才能不断超越跑在自己前面的一个又一个人；只有努力，你才能不断接近更美好的人生。

即便努力过后依然没有获得特别大的成就，取得特别大的成功，也不要紧，至少你比昨天的自己进步了一点点。

高晓松说过一句话，我觉得特别好："人生的下半场，对手只剩自己。"不过我更认为，人在整个一生中最大的对手都是自己，超越自己才是最大的进步，战胜自己才是最大的胜利。

但是，年轻的时候我们都不善于将自己作为参照物，而与别人比较就是最简单直接的方式。

我们在考试中比分数，在赛场上比名次，在职场上比谁的职位更高、谁的收入更多。我们就在这样的比较中不断成长，不断发现自己的不足，改正自己的缺点，以求让分数更高一点，让名次更靠前一些，让收入增加一点，以此告诉自己：我是有进步的。

没有人喜欢永远在排行榜的最末端，每个人都希望自己的成绩好一点，再好一点，直到成为榜首。

既然如此，你为什么不努力一些呢？

或许多做几道练习题，你的成绩就能提高几分；或许多加一会儿班，你的收入就能增加一些。

既然不甘落后，就请努力进取。不负时光，不负年华，终有一天你会成就更美好的自己。

没有特别幸运，就要特别努力

8岁的时候，商店的限量版玩具被先一步过去的小孩子买走，你觉得自己不幸运。

18岁的时候，一分之差与理想的大学失之交臂，你觉得自己不幸运。

28 岁的时候，喜欢的姑娘嫁给了别人，你觉得自己不幸运。

38 岁的时候，公司的升职名单中没有你，你觉得自己不幸运。

当你抱怨种种不幸运的时候，有没有想过，其实你可以通过自己的努力，让事情的结局变得美好一些呢？

美国历史上第 34 任总统艾森豪威尔年轻的时候也是一个普通人。一天晚饭后，他跟家人一起玩纸牌游戏，连续几次都抓了一手很差的牌，他开始不高兴地抱怨手气不好。妈妈停了下来，正色对他说道："如果你真要玩牌，就必须用你手中的牌玩下去，不管那些牌怎样！"

艾森豪威尔愣了愣，没有出声。

他的母亲又说道："人生也是如此，发牌的是上帝，不管是怎样的牌，你都必须拿着。你能做的是竭尽全力，以求得最好的结果。"

很多年过去了，艾森豪威尔一直牢记着母亲的这番教导，从来没有抱怨过命运。相反，他总是以积极、乐观的态度去迎接命运的挑战，竭尽全力做好每一件事情。就这样，艾森豪威尔从一个默默无闻的平民家庭走出，一步一步地成为中校、盟军统帅，最终成为美国历史上的第 34 任总统。

幸运之神不会眷顾每一个人，如果没有特别幸运，就要特别努力。依靠自己的努力，一样可以成就不凡的人生。

我们来看看《潜水钟与蝴蝶》的作者，是如何对抗不幸的命运，努力成就非凡人生的。

1995 年 12 月 8 日这一天，对于才华横溢、开朗健谈、事业如日中天的法国《ELLE》杂志总编辑让－多米尼克·鲍比来说非同寻常，因突发脑中风，年至不惑的他陷入深度昏迷。20 天后，当他苏醒过来时，发现自己已然丧失了所有的运动功能，不能动，不能吃，不能说话，甚至呼吸都困难，全身能动的只有左眼皮，这成为他联系世界的唯一通道。

然而，虽然鲍比的身体就像被困在重重的潜水钟里，无法自主，无法动弹，但他的心灵却如同轻盈的蝴蝶一样自由飞翔。在友人的帮助下，他用左眼皮一下一下地选择需要的字母，然后拼成一个词，然后成为一个句子……"写下"了关于活着、关于死亡、关于爱的思索的《潜水钟与蝴蝶》。

他说："这一连串接踵而至的灾难，使我不可遏制地笑了起来，我决定把我的遭遇当成一个笑话。"

鲍比对自己处境的自嘲，对命运的诠释，像一粒一粒五彩的弹珠，迸发出了生命的华彩乐章，让我们笑中落泪，感叹生命的力道与弹性。

是的，我们无法选择命运，却可以选择对待命运的态度。

台湾销售天王林文贵，也靠自己的努力，把坏运气变成了好运气：

1973 年，他出生于台南小镇一个普通的家庭。高中时，他似一匹脱缰的马，每天在游乐场和台球厅混，他是众人眼中的浪荡子，他甚至瞒着父亲"拒绝联考"，被发现后离家出走，把父亲气到快进精神病院。

从此，他在社会大学里修炼学分：干搬运工、水泥工、货车司机，到处打零工养活自己。

21 岁后，他和好友合伙做生意，从健身器材、RO 逆渗透机到汽车用品，但没一个生意维持超过半年。

两年后，他进入一家公司卖韩国现代汽车，照样过着颓废的生活，日夜颠倒，每天上班都迟到。

与此同时，兼职创业的他又被合伙人骗走了一百多万新台币。

在社会大学里跌跌撞撞了几年，他幡然醒悟，人生不可以再荒唐下去！

然而，他的运气却很差：第一，他没有富爸爸，且只有高中学历。第二，现代汽车在台湾顾客满意度排名中位列倒数第二名。第三，现代汽车的销售量倒数第一，业界人士形容，"卖一辆现代汽车，比卖三辆丰田汽车还难"。第四，公司财务状况不佳。他就职的公司连续多年亏损，财务危机不断，公司给业务员的资源少得可怜。第五，销售点设在穷乡僻壤。他所在的营业处位于台南县佳里镇，居民不到 6 万人。而营业处的 150 多位业务员几乎都跳槽了，只有他和二十来人留了下来。

他决心要在这片贫瘠的小池塘里当王，而不到大海里当小鱼。

一开始，他得面对销售弱势品牌的挑战，那一年，他连年终奖金都没有领到。但他没有被打倒，他激励自己："好卖的车，谁都会卖。如果我去卖别人不想卖的车，就很少有人和我抢客户，我就有更多机会。"

山穷水尽之时，他信奉最伟大的汽车销售员乔·吉拉德的"250 定律"：满意的顾客会影响 250 人，抱怨的顾客也会影响 250 人。这后来成为他制胜的秘籍。

凭着憨直、真诚、"被拒绝九次仍不放弃"的付出，他赢得了客户的信任。很多客户变成他的铁杆儿"业务员"，来帮他卖车。甚至有一位半身不遂的客户，只剩下一张嘴巴能动，还在帮他介绍客户。

从他眼中看出去，每样事物皆美好。

别人眼中，现代汽车是韩国品牌，品质不好，更换零件不方便；但在他眼里，现代车却"有法拉利设计师设计的流线外形，使用的是奔驰引擎"。

愿意买现代的客人少，他会说："客户少，能提供给客户的服务才能做得更好，这是我们的优势。"

碰上公司连年亏损，连每年送给客户的月历礼品都限量配额，他却说："这样我才能仔细选择真正会买车的客人……"

他曾经在一年内卖出205辆汽车，平均1.8天一部车，创下台湾有史以来年度最高汽车销售纪录。那一年，他的收入高达560万新台币。

他成为第一届《商业周刊》"超级业务员大奖"金奖得主。评委给出的评语是，"他就像生长在悬崖上的兰花，没有土，没有水，悬崖上的风还很大，自己却从细缝中活出精彩"。

没有好运气不是放任自己随波逐流的理由，正是因为没有特别幸运，才需要你特别努力。努力了，你的人生才有转机，才有希望迎接更美好的未来。

因此——

8岁的你，没有买到限量版的玩具，可以想办法用自己手上的玩具与其他孩子交换着玩。

18岁的你，没有考上理想的大学，就努力学习，4年后考上理想学校的研究生。

28 岁的你，没有得到喜欢的姑娘，就努力提升自己，吸引更优秀的伴侣。

38 岁的你，没有如愿升职，就更努力地在工作中打磨自己，争取在下一次竞聘中脱颖而出。

没有特别幸运，就要特别努力——这是你给自己人生最好的礼物。

乾坤未定，你我皆是黑马

近两年，我和过去的同学朋友联系似乎越来越少，并不是真的忙到没时间联络，而是见面后没有什么话好讲。

除了聊聊过去一同经历过的事情，就只能低头玩各自的手机。

到了我们这个年纪，生活大都已经稳定。以前的朋友们大部分在结婚生子以后做起了家庭主妇，每日的工作就是照顾一家老小的饮食起居，打扫卫生、上街买菜、洗衣做饭；闲时追追电视剧，跟邻居聊聊家常。整个人已经与家庭融为一体，没有了自己的理想，没有了自己的人生追求，甚至连自己的朋友都很少。她们无一例外地被叫作"某太太"或是"某某媳妇"。

她们不再读书，觉得累眼睛、费脑子、犯困。

她们不再保持身材，每天嚷着减肥，却绝不放弃任何一口美食。

她们不再考虑提升自己，因为家庭主妇的从业技能她们早已驾轻就熟。

她们觉得自己这辈子就这样了，挂在嘴边的话是："都这岁数了……"

你以为这是四五十岁的中年妇女，其实她们不过三十出头。

这些全职太太是伟大的，她们为家庭付出了自己的全部心血；但是全职太太也是可悲的，她们早早放弃了自己的人生，刚刚三十几岁就没有了自己的梦想，没有了对未来的憧憬。

但是余生漫长，我们都应该抱有期望；乾坤未定，你我皆有可能是黑马。

不要早早地安于现状，放弃努力。人生有各种各样的可能，只有不断开掘一个又一个宝藏，你才能找到更精彩的自己。

这个世界上有许多人一辈子都一事无成，原因就是他们都太容易满足了！找到一份稳定的工作，终其一生总是拿那么一点点薪水，每天总是做着同样的事情，一直到死。

而他们竟以为人的一生所能获得的东西也只有这么多了。这便是他们的人生显得苍白的原因。

我最近读了这样一个故事：

诺思克利夫爵士最初的工资只有每月 80 元，因为对自己的处境极度不满，于是发愤努力，最后成了新闻界的"拿破仑"——伦敦《泰晤士报》的大老板。

即便这样，他仍没有满足，利用《泰晤士报》揭露了官僚政府的腐败，提高了不少国家机关的办事效率。

有一次，他与一位从未见过面的助理编辑聊天。

在交谈过程中，他了解到这个助理编辑在这里工作已有 3 个月了，并非常喜爱这份工作。他问助理编辑的薪水有多少，是否满意，助理编辑点点头。

但他对助理编辑说："别满足，我可不希望我的职工一星期拿了5英镑就满足了。"

读完这篇文章，我马上想到拿破仑说过的一句话："不想当将军的士兵，不是一个好士兵！"

这句话是非常正确的，因为好士兵都想当将军，即便不是每个人最终都能当上将军，但至少他们每个人都曾有过这样的梦想和激情。

这梦想和激情，就是赢的激情，只要拥有赢的激情，就拥有了人生的动力。

因为，在人生的道路上，一个人一旦自我满足、安于现状，就很容易止步不前。这样不但不会有太大的成就，还有可能导致你碌碌无为地虚度一生。

"不满足是向上的车轮。"这是鲁迅先生的名言。

是呀，一个人唯有"不满足"，方有动力不断向上。正如鲁迅先生说的那样，他在做任何事情的时候，从不轻易满足，总是不知疲倦地像车轮那样不断向上。

当然，不仅仅是他，所有在事业上有成就的人，都有着这样一颗"不满足"的心。

伟大发明家爱迪生，自身就有三百多项发明专利权。当他功绩累累时，仍在实验室做实验。

巴西足球名将贝利在足坛初露锋芒时，一个记者问他："你哪一个球踢得最好？"他毫不犹豫地回答："下一个！"而当他在足坛叱咤风云，已成为世界著名球王，踢进了1000多个球后，记者问道："你哪一个球踢得最好？"他依旧回答："下一个！"

放眼当今社会，这是一个竞争的时代，不折不挠、力争上游才是这个时代的主旋律。千帆争渡，不想当将军的士兵没有人会相信你是一个好士兵！

"王侯将相宁有种乎？"答案无疑是否定的，那么，这足以表明，我们亦可成为"王侯""将相"。

不想当将军的士兵不是好士兵。当然，在这里的"想当将军"，我们切不可以空想，在时机和条件成熟的时候，把想当将军的这个梦付诸实践，或者说大胆去表白，这是实力的象征，这是自信的象征，这更是对自我的一个高度认可和肯定。

很多时候，"想当将军"是一个强者的表现，是对自我的一种合理肯定与评价，更是那知难而上的决心和动力。

当然，"想当将军"要从自我的"想"出发，"想"是"当将军"的前提，要当将军只有从"想"这一步出发，如果连"想"的那一点儿自信都没有，又如何能够谈得上成为一个好将军或好士兵呢？

古有伯乐之说，而在当今这个时代，特别是在我们这个人口众多的国度，实际上，又有几个伯乐可以为你成就千里马的梦想呢？

所以说，在这个时代想成就自己的事业，先必须有"想当将军"的决心。而后沿着"想"的这一缕构思去发挥，才是一条慢慢通往成功之路的小径。

乾坤未定，你我皆是黑马，不要早早放弃梦想、放弃努力。

命运早已为我们的人生埋下许许多多的彩蛋，但是需要你自己去努力挖掘。不经过努力，你不会知道自己的人生将会多么精彩。

人的生命只有一次，与其虚度年华、碌碌无为，不如拼尽全力，创出自己的一片天地。

若是不争不抢，哪来岁月打赏

不知道从什么时候开始，年轻人中间流行起一股"丧"文化的思潮，凡事喜欢顺其自然，甚至有大量的公众号文章或者图书采用这种名字，比如"愿你不争不抢，却有岁月打赏""做一个刚刚好的女子，不争不抢"……好像争抢是一种原罪。

"不争不抢，却有岁月打赏"，这种天上掉馅饼的白日梦你也敢做，真当自己有主角光环吗？

争抢错了吗？

没有。

你努力考大学是争抢有限的高等教育机会，你勤奋工作是争抢社会有限的就业岗位，你追女朋友是争抢配偶，甚至你多吃一口饭都是在争抢人类的食物资源。

你还愿意不争不抢吗，你不争不抢是想躺尸还是等死呢？

争抢不可耻，可耻的是那些以"顺其自然"为借口为自己的不思进取做掩饰的行为。

所谓顺其自然，应该是努力过后不强求，而不是两手一摊不作为。

曾看过这样一则寓言：

两只青蛙在觅食中，不小心掉进了路边的一只牛奶罐里。牛奶罐里还有为数不多的牛奶，但足以让青蛙们体验到什么叫灭顶之灾。

一只青蛙想：完了，完了，全完了，这么高的一只牛奶罐，我是永远也出不去了。于是，它很快就沉了下去。

另一只青蛙看见同伴沉没于牛奶中时，并没有一味地沮丧、放弃，而是不断告诫自己："上天给了我坚强的意志和发达的肌肉，我一定能够跳出去。"

它每时每刻都在鼓起勇气，鼓足力量，一次又一次奋起、跳跃——生命的力与美展现在它每一次的搏击与奋斗里。

不知过了多久，它突然发现脚下黏稠的牛奶变得坚实起来。原来，它的反复践踏和跳动，已经把牛奶变成了一块奶酪。不懈的奋斗和挣扎终于换来了自由的一刻。它从牛奶罐里轻盈地跳了出来，重新回到了绿色的池塘里。而那一只沉没的青蛙就那样留在了那块奶酪里，它做梦都没有想到会有机会逃离险境。

正是拼尽全力去争抢活下去的一线生机，才让这只青蛙跳出牛奶罐；而不争不抢顺其自然的青蛙，只能成为奶酪中并不美味的"夹心"。蛙如此，人亦然。

黄文涛 1970 年出生于上海，他生下来就双目失明。他从小就上盲校，离开父母的怀抱，养成了自己照顾自己的习惯，懂得了自立、自信、自尊、自强。

1985 年，黄文涛加入了盲童学校田径队，开始了他的体育生涯。

他的主攻方向是短跑和跳远，可想而知，残疾人搞体育会给他带来多少无法想象的困难和意外。

当时使用的是非常落后的助跑器，踏脚板用一根细长的铁钉支着。一次训练中，铁钉斜伸出来。如果是正常人，可以很轻易地看出来，但他却什么也看不见。一脚踏上去，一股钻心的疼痛便从脚底传出，他一下昏了过去。

后来才知道，铁钉穿过了跑鞋底和他的脚掌，又从鞋面扎了出来。

因为先天的身体缺陷，残疾人搞体育运动要付出许多在正常人看来非常无谓的代价。

教练员的示范动作，他看不清，只能"盲人摸象"似的一步步分解、揣摩，一遍遍练习。

1992 年，黄文涛参加了巴塞罗那残奥会。沉着冷静的黄文涛超水平发挥，以 3 厘米之差打败了西班牙的胡安，赢得了冠军。

当他站在领奖台上，聆听庄严的国歌奏响的时候，心中充满了自豪感。

如果黄文涛选择了不争不抢，我们永远无法看到残奥会上那个为国争光的英雄。

许多人都知道儒勒·凡尔纳是一位世界闻名的法国科幻小说作家，但很少有人知道，凡尔纳为了发表他的第一部作品，曾经遭受过多么大的挫折！

1863 年冬天的一个上午，凡尔纳刚吃过早饭，正准备到邮局去，突然听到一阵敲门声。

凡尔纳开门一看，原来是一个邮递员，他把一包鼓囊囊的邮件递到了凡尔纳的手里。

一看到这样的邮件，凡尔纳就预感到不妙。自从他几个月前把他的第一部科幻小说《乘气球环游世界五星期》寄到各出版社后，收到这样的邮件已经是第 15 次了。

他怀着忐忑不安的心情拆开一看，上面写道："凡尔纳先生：尊稿经我们审读后，不拟刊用，特此奉还。某某出版社。"

每看到这样一封退稿信，凡尔纳心里都是一阵绞痛。这已是第 15 次了，还是未被采用。

凡尔纳此时已深知，那些出版社的"老爷"是如何看不起无名作者。

他愤怒地发誓，从此再也不写了。他拿起手稿向壁炉走去，准备把这些稿子付之一炬。

凡尔纳的妻子赶过来，一把抢过手稿紧紧抱在胸前。

此时的凡尔纳余怒未息，说什么也要把稿子烧掉。

他妻子急中生智，以满怀关切的感情安慰丈夫："亲爱的，不要灰心，再试一次吧，也许这次就能交上好运的。"

听了这句话以后，凡尔纳抢夺手稿的手，慢慢放下了。他沉默了好一会儿，然后接受了妻子的劝告，又抱起这一大包手稿到第 16 家出版社去碰运气。

这次没有落空，读完手稿后，这家出版社立即决定出版此书，并与凡尔纳签订了 20 年的出书合同。

如果凡尔纳选择了不争不抢顺其自然，我们也许根本无法读到凡尔纳笔下那些脍炙人口的科幻故事，人类就会失去一份极其珍贵的精神财富。

你若不争不抢，哪来岁月打赏？

你必须拼尽全力，才能赢得命运的青睐，收获属于你自己的丰厚成果。

不慌不忙，慢慢变强

我之前所在的一家公司，曾经招进一个大学刚毕业的男生。

他很努力，也很上进，但是似乎太想做出成绩、表现自己了，所以看起来不免有点急躁。

文件写好不检查一下就匆匆上交，结果里面有很多的错别字；复审书稿还没登记就匆匆进入下一流程，导致后期工作安排混乱；更有一次，急急忙忙给印刷厂发印刷文件，结果发错了，险些给公司造成重大损失。

这样的事情发生多次，原本看好他的领导也不免感到失望，渐渐不再敢把重要的工作交给他。

他本人更是感到自责，尤其在错发印刷文件的事情发生之后，他突然变得畏首畏尾起来，总担心自己会犯错，会惹麻烦。

就这样，一个原本被公司领导寄予厚望，本人也对前途信心满满的年轻人，逐渐被边缘化，只能去做一些简单的、不重要的打杂工作。

他似乎也慢慢失去了往昔的斗志，每天按部就班地工作，像一颗普普通通的螺丝钉，再也没有了进取的锋芒。

这个男生最大的问题就是在能力尚且不足的时候太过急躁，没有沉下心来提升自己，而是一味地想快点做出成绩表现自己。

正所谓"欲速则不达"，能力不足的时候一味追求做事的速度，很可能导致做得越多错得越多。这个时候，你需要静下心来，不慌不忙地努力，提升自己的能力，让自己变得更强。

先保证不做错，再去想怎样做得更快更好。

这就像小孩子学走路，一定要先学会站立，站稳了；再学习迈步子，一步一步走稳当；最后才能学习奔跑跳跃。如果连站都站不稳就想跑，是必然会摔跟头的。

有的人摔了跟头以后懂得吸取教训，知道下一次该怎么走、怎么跑；但有的人——比如上面提到的男生，摔了跟头以后就一蹶不振，不但不敢再跑，甚至连站起身都不再有勇气了。可能"一朝被蛇咬，十年怕井绳"说的就是这种情况吧！

年轻人懂得上进是好的，但是不要过于急躁。

有句话说得好，"三年入行，五年懂行，十年成王"。

即便是从事专业对口的工作，也要面临许许多多在学校没有学习过的知识，需要在工作中不断接触，不断学习，才能逐渐了解这个行业的全貌，逐渐做到成熟，做到精通。

有很多刚毕业的大学生，觉得自己已经学有所成，是天之骄子，渴望一毕业就做经理做主管。这是非常不现实的。

有一则这样的故事：

大学期末考试的最后一天，在一幢楼的台阶上，一群工程系高年级的学生挤作一团，正在讨论几分钟后就要开始的考试。他们的脸上写满了自信。这是他们参加毕业典礼之前的最后一次测验了。

一些人谈论他们现在已经找到的工作，另一些人则谈论他们将会得到的工作。带着经过 4 年的大学学习所获得的自信，他们感觉自己已经准备好，甚至能够征服整个世界。

这场即将到来的测验将会很快结束。教授说过，他们可以带任何他们想带的书或笔记，要求只有一个，就是他们不能在测验的时候交谈。

他们兴高采烈地冲进教室。教授把试卷分发下去。当学生们注意到只有 5 道评论类型的考题时，脸上的笑容更灿烂了。

3 个小时过去了，教授开始收试卷。学生们看起来不再自信了，他们的脸上挂满了沮丧。

教授俯视着他面前这些焦急的面孔，面无表情地说道："完成 5 道题目的请举手！"

没有一只手举起来。

"完成 4 道题的请举手！"

还是没有人举手。

"完成 3 道题的请举手！"

仍然没有人举手。

"2 道题的！"

学生们不安地在座位上扭来扭去。

"那么 1 道题呢？有没有人完成了 1 道题？"

整个教室仍然沉默。教授放下了试卷。"这正是我期望得到的结果，"他说，"我只想要给你们留下一个深刻的印象：

即使你们已经完成了 4 年的工程学学习，但关于这个学科仍然有很多的东西是你们还不知道的。这些你们不能回答的问题，是与每天的日常生活实践相联系的。"

　　然后，他微笑着补充道："你们都将通过这次测验，但是记住——即使你们现在是大学毕业生了，你们的学习也还只是刚刚开始。"

即便你在学校年年拿一等奖学金，也不代表你能一毕业就胜任本职工作。理论与实践之间有着巨大的鸿沟，工作中会遇到的很多问题也是老师在课堂上不曾讲过的。

你需要在工作岗位上慢慢打磨，将所学知识应用于实践，在实践中不断强化自己的能力。不要急于求成，还没有将最基础的工作做好，就想着做出什么了不起的成绩。

你必须不慌不忙，给自己时间成长。

你要像海燕一样，长出有力的翅膀，可以搏击风浪。

你要像苍鹰一样，迎着太阳，去展翅翱翔。

你要不慌不忙，让自己慢慢变强。

努力只能及格，拼命才会优秀

这个世界上，并不缺少努力的人。

你上课认真听讲是努力，你专心读书备考是努力，你熬夜赶制

PPT是努力，甚至你早晨在闹钟的催促下艰难地起床上班都可以算作努力。

努力的门槛太低，于是很多人觉得自己已经尽力。

这么努力依然成绩不好，薪水不高，那一定是老天无眼、老师太严、老板太抠。

当你觉得这样子就算努力的时候，你有没有想过，全世界大部分人都做出了这样的努力。所以，你在芸芸众生当中，并不是突出的一个，老天凭什么要眷顾于你？

每个人都要为了前途奔忙，为了事业打拼，又有谁是不努力的呢？

努力只能及格，拼命才会优秀。

　　一位音乐系的学生走进练习室。在钢琴上，摆着一份全新的乐谱。"真是超高难度。"他翻动着乐谱，喃喃自语，感觉自己对钢琴的信心似乎跌到了谷底。

　　已经3个月了！自从跟了这位新的指导教授之后，每节课对于学生来说都是高难度的挑战。他勉强打起精神，开始用手指奋战、奋战、奋战……琴音盖住了练习室外教授走来的脚步声。

　　这位教授是一位极负盛名的钢琴大师。在授课的第一天，他给自己的新学生一份乐谱。"试试看吧！"他说。

　　乐谱难度颇高，学生弹得生涩僵滞、错误百出。

　　"还不熟悉，回去好好练习吧！"下课时，教授叮嘱学生。

　　学生苦练了一个星期，第二周上课时正准备让教授验收，没想到教授又给了他一份难度更高的乐谱。"试试看吧！"上星期的课，教授也没提。学生再次挣扎于更高难度的技巧挑战。

　　第三周，更高难度的乐谱又出现了。同样的情形持续了好

208

几个星期，学生每次在课堂上都被新的乐谱所困扰，然后把它带回去练习，接着再回到课堂上，重新面临两倍难度的乐谱，却怎么样也追不上进度，一点也没有因为上周的练习而有驾轻就熟的感觉。

拼尽全力却看不到终点，只有更加拼命地练习。学生感到越来越不安、沮丧和气馁。

新一周的课开始了，教授从容不迫地走进了练习室。

学生再也忍不住了，他必须让教授知道这3个月来自己练习的艰难。

教授没开口，他抽出了最早的那份乐谱，交给了学生。"弹奏吧！"他以坚定的目光望着学生。

学生犹豫着拿起了乐谱，开始弹奏。

不可思议的结果发生了，连学生自己都惊讶万分，他居然可以将这首曲子弹奏得如此美妙、如此精湛！

教授又让学生试了第二堂课的乐谱，学生依然呈现出超高水准的表现……演奏结束，学生怔怔地看着老师，说不出话来。

"如果我任由你弹奏最擅长的部分，可能你还在练习最早的那份乐谱，就不会有现在这样的进步。我这样做的目的，就是要不断拔高练习难度，让你拼尽全力，不断挑战自己的上限。只有拼了命去努力过，你才能知道自己有多优秀。弹琴如此，做人也是如此。"钢琴大师意味深长地说。

如果你努力了却依然没有收获，那不是因为时运不济，而是因为你的努力不够。

当你抱怨学习辛苦、工作辛苦的时候，想想你有没有达到自己的极限，有没有拼尽全力。

如果你学习之余还有时间玩游戏，如果你加班之后还有力气去泡吧，就不要再说自己有多么努力了。你所谓的努力不过是每个人的日常生活，还不足以支撑起一份成功。

几年前有一本书风靡大江南北，书名叫《哈佛凌晨四点半》。

哈佛可谓是世界最著名的高等学府，这里聚集着全世界最优秀的人才。

当我们这些资质平平的人因为一点点的努力就自我感动的时候，这些全世界最优秀的人才在做什么呢？

在凌晨4点多，哈佛大学的图书馆里依然灯火通明，座无虚席。

哈佛的学生餐厅里，也很难听到有人说话的声音。每个学生端着食物坐下以后，都是边吃边看书，或是边吃边做笔记。极少见到有学生只吃饭不读书，也极少见到有学生边吃饭边闲谈。

对于哈佛大学的学生而言，餐厅是一个可以边吃东西边读书的自习室。

哈佛大学的医院也是同样宁静，不论候诊室里有多少人，也没有一个人讲话，每个人都在认真地读书或者做笔记。

对于哈佛大学的学生而言，医院也是一个另类的自习室。

正因如此，哈佛大学培养出了33位诺贝尔奖获得者，以及7位美国总统。

在哈佛大学的校园里，你看不到有人浓妆艳抹，也看不见有人身着华服，更看不见无所事事随意闲逛的人。每个人都目光坚定，步履坚实，为了学业而努力拼搏，向着人生的目标踏实前进。

世界上最优秀的那些人尚且如此，平凡而普通的我们，又有什么资格觉得自己已经努力了？

以后就不要再尬吹自己有多么努力了，你的努力，只不过刚刚达到及格线，与优秀之间还隔着一个太平洋的距离。

努力只能及格，拼命才会优秀。希望你我都会越来越优秀。

我们各自启程，最高处见

我有一个朋友在大学当老师，有一天我们约好一起吃午饭，我提前去她上课的教室等她。

在教室，我又看到了读书时常见的那个特别有意思的现象：

读过大学的人都知道，大学里不像小学和中学那样，每个人都有老师安排好的固定座位。在大学里，每一堂课可能会去不同的教室，有的时候还会和其他班级的学生一起上大课，座位也都是自己随便选择，喜欢坐哪里就坐哪里。

所以同学们往往喜欢提前几分钟去教室占座。当然，有的学生喜欢占前排的座位，有的学生却偏偏喜欢占后排的座位。并且，主动去后排占座的人是特别多的。

那天我就见到了这样一种景象：第一排坐满了学生，第二排至第四排都空着，而教室的最后几排却挤满了人。

这个状态和我读大学的时候一模一样。

选择坐在第一排的，自然是勤奋努力的学生；而躲在后面的，就是大多数来大学里混日子、只求毕业证的学生。

选择不同座位的结果，在大学毕业之后立刻就能看出分晓：主动坐在前排的学生，大多选择了考研升学，坐在后面的学生则全部涌入就业市场。

他们的人生也就此划下分水岭。考研的学生，往往有更好的前途，有的进了大公司，有的留校任教，有的继续考博；而勉强毕业的学生，大多数要面对激烈的职业竞争环境，从工资非常低的基层工作做起，升职也是十分困难的。

人生早期的选择不同，后面的十几年发展自然差距越来越大。努力的人越走越高，不努力的人只能原地打转。

爬过山的人都知道，在山脚下和山腰处是没有什么美妙风景的，而且山路狭窄，人又多又拥挤；但是到了山顶处，眼前豁然开朗，可以欣赏云蒸霞蔚，眺望大好河山，周围也没有那么拥挤，可以舒展身心，大展拳脚。

人的一生也是如此，只有走上了事业的巅峰，你才能不必在人才市场中挤来挤去投简历，不必为了省几十块的油钱去追拥挤的公交车，不必苟且于该死的办公室政治。

半山腰总是最拥挤的，你要去山顶看看。只有努力爬上山顶，你才能见到一个不一样的世界。

20世纪30年代，在英国一个不出名的小城里，有一个叫玛格丽特的小姑娘。

玛格丽特自小就受到严格的家庭教育，父亲经常向她灌输这样的观点：无论做什么事情都要力争一流，永远走在别人前面，而不落后于人，"即使在坐公共汽车时，你也要永远坐在前排"。父亲从来不允许她说"我不行"。

对年幼的孩子来说，父亲的要求可能太高了，但他的教育在以后的年月里被证明是非常宝贵的。

正是因为从小就受到父亲的"残酷"教育，才培养了玛格丽特积极向上的决心和信心。无论是学习、生活还是工作，她都时时牢记父亲的教导，总是抱着一往无前的精神和必胜的信念，克服一切困难。

玛格丽特上大学时，考试科目中的拉丁文课程要求 5 年学完，可她凭着自己顽强的毅力，在 1 年内全部完成了。

其实，玛格丽特不光是学业出类拔萃，在体育、音乐、演讲及其他活动方面也都名列前茅。

当年她所在学校的校长评价她说："玛格丽特无疑是我们学校建校以来最优秀的学生之一，她总是雄心勃勃，每件事情都做得很出色。"

正是因为如此，40 多年以后，英国乃至整个欧洲政坛上才出现了一颗耀眼的明星，她就是连续四次当选为英国保守党领袖，并于 1979 年成为英国第一位女首相，雄踞政坛长达 11 年之久，被世界媒体誉为"铁娘子"的玛格丽特·撒切尔夫人。

我们生活中的很多人是不喜欢拔尖的，上学时成绩平平，不好不坏；工作后业绩平平，不立功也不犯错；收入普普通通，不能大富大贵但也能吃饱穿暖——这就是社会中的大多数，也是生活中的你我他。

这样平平淡淡的生活并不是不好，只是错过了更美好的风景有些可惜。原本努力一下可以爬到山顶，却只停留在半山腰定居下来；原本可以置身山顶的苍茫云海，却只停留在半山腰与蛇虫鼠蚁为伴。

不付出努力，你就永远只能在山腰，甚至山脚下，仰望别人越走越高的背影。

不付出努力，你就永远不知道更美好的生活是什么样子。

你不会看到阿拉斯加的鳕鱼是如何跃出水面，你不会听见太平洋彼岸的海鸥振翅掠过城市上空，你也无缘见到极圈的夜空散漫的五彩斑斓。

你读不懂古今中外的圣贤书，你听不懂丝竹管弦钢琴风琴小提琴，你也欣赏不来蒙娜丽莎的微笑美在哪里。

甚至你体验不到鱼子酱在齿间爆裂的快感，你闻不到八二年的拉菲氤氲在杯口的馨香，你连劳斯莱斯长什么样都没见过。

那么你人生的意义是什么呢？

你在人世走过百年，就只愿匍匐在最底层干最累的活，赚最少的钱，吃最差的食物，穿最丑的衣服，过最 low 的人生吗？

如果你不努力，就只能活得像个蝼蚁。

只有走得高一点，再高一点，你才能有更精彩的人生，遇见更美好的自己。

那么，让我们各自努力吧！

希望在最高处，我们彼此遇见。